平凡社新書
867

「脱原発」への攻防
追いつめられる原子力村

小森敦司
KOMORI ATSUSHI

HEIBONSHA

はじめに

「原子力村」が壊れ始めたかもしれない——。

２０１１年３月の東日本大震災と東京電力福島第一原子力発電所の事故から７年が経とうとしている。

私は、事故から丸５年という節目の16年初めに、平凡社新書『日本はなぜ脱原発できないのか——「原子力村」という利権』を出した。強大な力を持つ「原子力村」が存在するため、日本が「脱原発」に踏み出せないでいる実態を描いたものだ。

あれから２年。日本では５基の原子炉が再稼働を果たした（17年12月現在）。「原子力村」はやはり、今も健在である。電力業界、それにつらなる産業界・財界、そして政官学の強大な結び付きは簡単には壊れない。

しかし、あれだけの大事故を起こしてしまった東京電力は、廃炉などにかかる事故費用の拡大が止まらず、今も実質的に国の管理下にある。海外の原子力事業でつまずいた東芝も深刻な経営危機に陥った。「原子力村」の中心的な存在だった2社が瀕死《ひんし》の重傷を負っている。

それればかりか、「原発のごみ」の最終処分場探しがなかなか進まないなど、原子力政策全般で、いくつもの綻《ほころ》びが見られるようになった。原発に対する国民世論は依然として厳しい。

海外に目を転じれば、福島の事故のあと、欧州のドイツやイタリアなどに続いて、アジアでも韓国や台湾が「脱原発」に動いている。折しも太陽光や風力などの再生可能エネルギーの発電コストはぐんぐん下がり、大量導入時代に入っている。

もはや原発を維持するために、「原子力村」がどんなにもがいても、原発から再生可能エネルギーへの電源シフトを止められないのではないだろうか。もしかすると、「原子力村」の瓦解《がかい》も近いのかもしれない。

本書はそんな問題意識を持ちつつ、前著と同じように、私自身が書いた記事を中心に再構成・加筆し、同僚記者と書いた記事なども加え、昨今の「脱原発」にかかわる動きを整理したものである。

ところで、私は東京経済部に在籍しているが、核と人類の関係を包括的に考えるために大阪本社内に置かれた「核と人類取材センター」員の兼務を、16年9月に命じられた。

原発も含めて核を考えるという趣旨で、これを機に私は朝日新聞デジタルの「核リポート」というコーナーに、原発がらみのインタビュー記事を積極的に書くようになった。そこで本書では、第1、2章は経済面の記事を中心に、第3、4章は「核リポート」の記事を中心に置くことにより、原発をめぐる情勢を重層的に描くことに挑戦した。

また、第5章は集団賠償訴訟に訴えている原発事故の被災者の思いに、第6章は事故をめぐる裁判で焦点になっている津波対策の問題について迫ったものだ。

朝日新聞の朝刊連載「プロメテウスの罠」に描いたシリーズで、これにより原発事故の被害者の実態や原発の安全性の問題を別の角度から示すことができたのではないかと思う。「脱原発」をめぐる攻防の一断面でもある。

「原子力村」は原発を今後も維持していくという。しかし私は本書をこうしてまとめ上げたとき、その合理性や正当性を見いだすことができなかった。読者はどう感じるだろうか。

なお、引用した記事には掲載日を付した（見出しを付す場合は東京最終版を原則とした）。肩書・年齢などは掲載当時のままとし、連載ルポからの引用では、敬称略もそのままとした。

ただし、読みやすくするため最低限の修正を入れてある。

「脱原発」への攻防●目次

写真・資料提供＝朝日新聞社
図版作成＝丸山図芸社

第1章　電力自由化で攻防激しく

1　原産協会会長の危惧と東芝危機

東京駅にもほど近い丸の内の東京国際フォーラム。毎年春、ここで「原子力村」の大集会がある。原子力産業の業界団体「日本原子力産業協会（原産協会）」の年次大会だ。

２０１６年２月に出した前著に『原子力村』という利権」という挑戦的な副題を付けた手前、私はその直後の16年４月に開かれた年次大会にも勇んで訪れた。

同協会の前身の「日本原子力産業会議」は１９５６年に発足した。16年の大会は49回目だった。２０１１年の44回大会は東日本大震災の影響を受け、中止となっている。

この年次大会には例年、約１千人が集うという。今回の大会初日のメーン会場もスーツ姿の男性でほぼ満員となっており、席にほとんど空きはなかった。

そこで私はとても印象的なスピーチに出くわした。

今井会長のいらだち

それは、冒頭の今井敬《たかし》会長（元経団連会長）の「所信表明」だった。

私の予想とかなり違っていたのだ。というのも、今井会長は、「再稼働の加速」「核燃料サイクル」「エネルギー・国のあり方」という3点で、かなり厳しい認識を示したからだ。

今井会長はまず、「再稼働の加速」について、「新規制基準への適合性審査はこれまでに26基が申請したが、いまだ5基しか終わっていない。とくに（福島第一と同じ沸騰水型の）BWRタイプの原子炉は1基も審査を通過していない」などとして、原子力規制委員会に「迅速に審査していただくことを望む」と語った。

同時に、日本として今後も原子力発電を利用していくことを前提に、「再稼働だけでなく、原則40年に制限されている運転期間の見直しや、新しいプラントの建設が必要になってくる。こうした議論は今すぐにでも始めていかなければならない」と強調した。

「核燃料サイクル」については、16年4月から電力の小売り自由化がスタートしたことを踏まえ、「事業者は短期的な視点で物事を考えるようになってしまいがちだが、原子力発電は使用済み燃料の処理・処分まで長い期間にわたる事業だ」とし、「国としてきちんと基本方針を定め、計画的に進めていかねばならない」と、国の強い関与を求めた。

最後の「エネルギー・国のあり方」についても、今井会長は「我が国は原子力発電所を継続的に建設してきたので、技術や人材に対する海外の期待は高い。今後も世界の原子力をリードしていくためには、高い技術を蓄積しながら次世代を担う人材を育成していかなければならない」などと訴えた。

裏を返せば、日本の原子力産業界にとって、期待したほど原発の再稼働が進んでいないし、新増設・リプレース（建て替え）の議論もまだ始まっていないではないか。核燃料サイクルも国の関与がまったく足りないし、こんな状態では原子力に若い人材も集まらない――。そんな業界の危機感を隠すことができなかったということではないだろうか。

11年の原発事故のあと、経済産業省（経産省）からエネルギー政策づくりの実権を奪い、「2030年代原発ゼロ」を打ち出した当時の民主党政権は12年暮れの総選挙で惨敗。原発回帰が確実と見られた第2次安倍政権の誕生に、原子力産業界は小躍りするような気分になったはずだ。

それからそう時を経ていないというのに、なぜ、今井会長はこのような厳しい状況認識を示すことになったのだろう。それを解き明かすため、原子力を取り巻く環境を概括的に見ていきたい。

露骨な維持路線

まず、12年暮れの第2次安倍政権誕生後、経産省が原発維持路線をどう進めてきたかを簡単に整理しておく。

経産省は第2次安倍政権がスタートすると、民主党政権時代、奪われていたエネルギー政策づくりの実権を取り戻すことにあっさり成功する。如実にそれを示したのが、経産省が2人の幹部を首相官邸に送り込んだことだった。

その一人は、前資源エネルギー庁次長で11年夏の大飯《おおい》原発（福井県）再稼働を地元に働きかけた今井尚哉《たかや》氏で、首相の政務秘書官に就いた。先に触れた原子力産業協会の今井会長の甥である。

もう一人は、原発輸出などを掲げた06年の「原子力立国計画」の立案者である前経済産業政策局審議官・柳瀬《やなせ》唯夫《ただお》氏で、事務秘書官の一人になった（17年夏に経済産業審議官に就任。加計学園の獣医学部新設問題では、秘書官時代に学園の事務局長と面会したとされたが、国会答弁で「記憶にない」と繰り返した）。

そんな首相官邸との太い関係をもとに、経産省は原発を維持しようと強力に動き始めた。まず、13年3月、中長期的なエネルギー政策を定める「エネルギー基本計画」を議論する有識者会議の委員15人を発表するのだが、原発に懐疑的な委員をわずか2人にしてしまうという、原発維持のための露骨な人選をした。

当然ながら、その議論は原発の必要性を訴える声ばかりとなり、13年12月にまとめられた基本計画案は原発を「重要なベース電源」と位置付けるものになった（閣議決定では、「重要なベースロード電源」との表現になった）。

その延長で15年6月、経産省は30年度の電源構成について、原発の割合を20〜22％、再生可能エネルギー（再エネ）を22〜24％にする方針を示した。しかし、この数字は経産省が原発維持のために、かなり無理をしてつくったように私には思えた。

というのも、原発の運転期間は、事故翌年の12年、原子炉等規制法の改正で40年と定められた。ただ、原発が次々と廃炉になって電力不足になる事態を懸念して、原子力規制委員会が認めれば最長20年延長できるとされた。当時の民主党政権は、この延長を「極めて例外的」と説明していた。

ところが、この「40年」を厳格に適用すると、建設中の3基を含めても原発の割合は15％程度にしかならない。で、経産省はどうしたか。「例外」の骨抜きに出た。

15年5月、安倍政権の宮沢洋一経産相（当時）は、この原発の割合の前提として「40年を超える炉も含めて、規制委員会で適合と認められた炉については再稼働を進めていくのが私ども政府としての方針である」と国会で答弁している。この「40年超」もOKという解釈について、いったい、どれだけの議論があっただろう。

電源別のコスト計算も、先に原発維持ありきの結論があったように見えた。15年5月、経産省は新しい試算結果（30年時点）を示すのだが、原発は1キロワット時あたり10・3円以上となり、主要電源のなかでは、12・9円の石炭火力や13・4円の液化天然ガス火力より、「安い電源」とされた。

だから原発が必要という理屈なのだが、この試算にもからくりがあった。例えば原発の発電コストは、東日本大震災後にできた新規制基準に基づいて安全対策などがなされたため、過酷事故が起きる回数は対策前より「ほぼ半減した」と見立てられたのだった。

こうした形で、原発維持のための環境整備が進み、ついに15年8月、九州電力川内《せんだい》原発（鹿児島県）1号機が震災後の新規制基準下で初めて再稼働し、10月には同2号機も再稼働した。17年12月末までに、関西電力の高浜原発（福井県）3、4号機、四国電力の伊方《いかた》原発（愛媛県）3号機と合わせ、計5基の原子炉が再稼働を果たした。

＊伊方3号機をめぐっては、17年12月、住民が求めた運転差し止め仮処分の抗告審で、広島高裁が熊本県の阿蘇山が過去最大規模の噴火をした場合、火砕流の影響を受けないとは言えないと判断、18年9月30日まで運転を禁じる決定をした。

のしかかる難題

ここまでは、表向き経産省が主導する原発維持路線は粛々と進んでいるように見える。が、経産省がその路線を強力に推し進めようとすればするほど、これから難しい課題がのしかかってくるはずだ。

前述したとおり、「40年で廃炉」の原則は、実質的に骨抜きにされようとしているが、経産省がこんな荒業を使うのは、原発の新増設・リプレースをなかなか言い出せない状況があるからだ。

例えば朝日新聞の17年3月の世論調査だと、停止している原発の運転再開については反対が54%、賛成が26%だった。事故から6年が経っても、国民の多くが原発に厳しい目を向けている。

11年のあのとき、事故を伝えるテレビの前で、人々は事故がこれ以上拡大しないようにと祈った。いったん事故が起きれば、広大な地域が放射性物質で汚染され、周辺住民は避難などで多大な苦労を強いられることも知った。その記憶を簡単には消せない。

だから新増設・リプレースは、既存の原発の再稼働以上に強い世論の反発が予想される。世耕弘成《せこうひろしげ》経産相も17年8月の閣議後会見で、エネルギー基本計画の見直しにあたり、「骨格を変えるような状況の変化は起こっていない」と語っている。

原子炉メーカーの苦境

見過ごせないのは、国内外の原子炉メーカーの苦境だ。

原発の安全規制は世界的にも厳しくなるばかりだ。それもあって仏原発メーカーのアレバはフィンランドなどで建設中の新型原子炉の建設費が高騰し、経営危機に陥った。福島の事故から時を置かず、私もこの関連で11年暮れにフィンランドの建設現場を訪ねたが、関係者は「チェルノブイリ原発事故のため、西欧では原発建設がこの20年、ほとんどないノウハウを失った」と建設費高騰の理由を語っていた（ここまで月刊「都市問題」16年7月号の初出論考に加筆）。

フィンランドで建設中のオルキルオト原発３号機＝2011年12月

さて、原発事故を経験した日本の原子炉メーカーは国内外で受注を増やし、もうけることができるのか。東芝は06年、「原子力ルネサンス」と言われるなか、巨費を投入して米名門原子炉メーカー、ウェスチングハウス（WH）社を買収した。それから10年余が経ち、どうなっただろうか。

この間の経過・問題点などは、第4章の宗敦司《そうあつじ》氏へのインタビューを読んでほしいが、ここでは朝日新聞17年3月30日朝刊1面に掲載された記事の要約を掲載する。

WH、米破産法申請 東芝、赤字1兆円超か 海外原発撤退、リスク回避

東芝の米原発子会社ウェスチングハウスは29日、米連邦破産法11条（日本の民事再生法に相当）の適用をニューヨーク州連邦破産裁判所に申請し、経営破綻《はたん》した。負債総額は約98億1100万ドル（約1兆890億円）。申請に伴って東芝はWHへの債務保証の引き当てなどが必要になり、2017年3月期の赤字は1兆円超に拡大する見通しだが、WHを巡って将来に損失が膨らむリスクを排除する。

東芝の17年3月期の赤字はこれまで見込んでいた3900億円から1兆100億円へと拡大。（中略）今年3月末の自己資本も、従来予想のマイナス1500億円からマイナス6200億円に債務超過額が拡大する見込み。

WHは、設計などを手がけた原発の世界シェア（設備容量ベース）が20%を超える世界的な大手原発メーカー。米国で手がける原発4基の建設で巨額の追加費用が発生し、経営に行き詰まった。

東芝は、海外原発事業を推し進める狙いでWHを06年に買収し、追加の株式取得を含めて約5500億円を投じてきた。（中略）原発事業での損失を穴埋めして来年3月末の債務超過を回避するため、稼ぎ頭の半導体事業も過半を売却する方針で、29日に締め切った入札には複数社が参加した模様だ。売却後は、鉄道などの社会インフラ事業を軸に生き残りを図る。

（記事から）

原発にのめりこんだ結果、これだけの経営悪化を招いた当時の東芝経営陣の責任は重い。

2　崩れる9電力の地域独占

ここからは電力・ガスの自由化にからめて原発の問題を考えてみたい。原産協会の今井会長の発言にもあったが、自由化と原発の行方は、実は密接に絡みあう。

2017年4月1日、都市ガスの家庭向け小売りが自由化された。16年の家庭向け電力の小売り自由化に続くものだ。電気とガスは同じ地域で棲み分けてきたが、その壁が取り払われた。

朝日新聞でもこの状況を踏まえ、この17年4月、一連の「改革」を点検する連載記事を出した。タイトルは「電力を問う『改革』の行方」。私がまとめ役になった。

　その初回は、競争が最も激しい関西の実情を中心に記事にした（17年4月2日）。見出しは文字通り、「電気・ガス　崩れる独占」。大阪経済部の伊藤弘毅記者がその現場をうまく切り取って報告してくれた。こんな内容だ。

地域独占の崩壊

　「関西電力のガス、本日からスタートです」。買い物客でにぎわう神戸市中心部のJR三ノ宮駅前で1日、関電の社員らが声を張り上げていた。

　人気スナック菓子「うまい棒」とともに配るチラシには「関電ガス」とある。「大阪ガスの一般料金に比べて誰でもおトク！」の言葉も躍る。受け取った神戸市の男性（32）は

新たに始めた都市ガス販売をPRする関西電力の香川次朗副社長（手前左）ら＝2017年4月1日、神戸市中央区

「今より安くなるなら、電気とのセット契約を考えたい」と話した。

政府が進める電力・ガス「改革」の流れで、1年前の電力に続き、この日は都市ガスも家庭向け小売りが自由化された。大手電力は発電用に液化天然ガス（LNG）を輸入していて、売るガスはある。関電は、供給エリアが重なる大阪ガスのガス管を通じて売る。中部電力や九州電力もガスを売り始めた。東京電力も7月に続く。

関電は最近、週末に1カ所あたり1日1万枚ほどチラシを配り、「関電ガス」のテレビCMも毎日たくさん流す。社内で「取られた以上を取り返せ」と発破《はっぱ》がかかっている。

その大部分を取ったのは大ガスだ。この1年で、関電の家庭向け顧客の3％にあたる30万戸がLNG価格の低下を追い風にした大ガスの安い電気に乗り換えた。関電は11年の東電福島第一原発事故後、安全規制の強化などで原発を動かせず、2度の値上げを強いられていた。大ガスの家庭の約3％は20万戸。関電は初年度にそれ以上の奪還をめざす。

原発事故で全面自由化へ

今、関電や東電は「大手電力」と呼ばれる。自由化で参入した大ガスなど「新電力」と区別するためだ。それ以前は大手は単に「電力会社」だけで通じる時代が長く続いた。

戦後の1951年、全国に地域独占の9電力ができた。電力を安定供給させるためだ。

自由化でうごめく電力・ガス大手

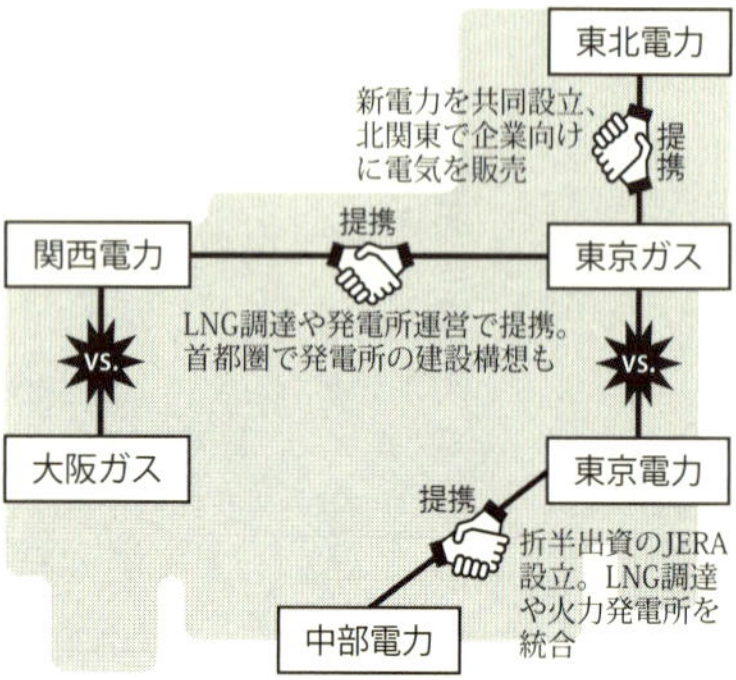

電力・都市ガス、自由化への流れ

戦前・戦中	自由競争下で各地に企業が乱立。戦時中、電力は日本発送電と9配電事業として国の管理下に
1951年戦後	電力9社による地域独占体制（のちに沖縄を加え10社に）
1990年代	電力卸売り、大口顧客向け都市ガス小売り自由化（95年）を皮切りに段階的に自由化範囲が拡大
2011年	東京電力福島第一原発事故
現在	**電力（16年）、都市ガス（17年）の小売り全面自由化** どの会社から買うか家庭でも選べるように
2020年めど	大手電力の発電と送電部門を切り離す「発送電分離」義務化。電気料金の規制撤廃

必要な経費は電気代に上乗せできる「総括原価方式」が認められ、コスト意識は薄かった。同じ公益事業の都市ガス業界とも共存してきた。自由化は大口向けから始まったが、業界の抵抗で小さくゆっくり進んだ。

そんな状況を大きく変えたのが、原発事故だ。電力業界は規制に守られて競争がないのはおかしいと指摘され、経産省は都市ガスとともに小売りの全面自由化を決めた。

関西圏が、その最前線になった。競争は、さらに過熱しそうだ。大阪高裁は3月28日、関電の高浜原発3、4号機の再稼働を認めた。目先、原発は運転コストが低く、関電は夏にも値下げする方針だ。

社長の岩根茂樹（63）は記者会見で、値下げ幅は原発再稼働の「燃料費メリットをお返しする形で」決めると述べた。そうなると電気とガスのセット料金も下がる。大ガスも対抗しそうだ。終わりなき消耗戦になりつつある。

東電、官主導で再編導く

競争とともに、官は業界再編も促す。事故対応費を賄《まかな》えない東京電力は実質国有化された。所管の経産省にとって、業界地図を塗り替える道具にもなった。

14年春、東電は燃料・火力部門を対象に提携先を公募した。主導した経産省の幹部は電力・ガス業界に説いた。「燃料調達や発電から小売り部門まで持つ『垂直統合型』は時代遅れ。機能別再編が必要です」

中部電力と話がまとまり、15年4月に折半出資のJERA（ジェラ）を設立。「日本（J）のエネルギー（E）を新しい時代（ERA）へ」の意味がある。燃料調達から始まり、この3月には19年度上期に火力発電事業も統合することを決めた。

業界の空気は一変した。首都圏で東電と争う東京ガスは16年4月、関電とLNG調達や発電所の協力を発表。東北電力とも折半出資の新電力で、1年前から北関東の企業向けに売る。東京ガス社長の広瀬道明（66）は朝日新聞の取材に対抗心をあらわにした。「JERAに次ぐ規模の事業体をつくる必要がある。東ガスは、その中核になる」

業界にはさらなる再編のうわさも飛び交う。「経産省が、東北電力に東電との原子力事業の提携を呼びかけた」「中部電力か関電が、北陸電力に提携を迫るかも」。国は20年をめどに、大手電力の発電と送電部門を切り離す「発送電分離」を義務化する。9電力体制が崩れていく。

（記事から）

この記事では、原発再稼働が電気代値下げにつながると記した。だが、原発は燃料費こそ安いが、巨額の建設費が必要なことなどから、投資を確実に回収できる総括原価方式や地域独占があってこそ、進めてこられた。そうして大手電力はそれぞれの地域に君臨することができたのではなかったか。

だから、大手電力はこの仕組みを壊す自由化に抵抗してきたと私は見ている。それでこの記事には私の論評も付け、自由化の「起点」が２０１１年の原発事故にあったことを強調した。自由化を価格競争の面だけでとらえるのではなく、電源のありようにも考えをめぐらしたかったからだ。以下、転載する。

「脱原発」の道筋を

電力自由化が家庭に広がり、消費者は大事な選択肢を得た。今こそ価格だけでなく、コンセントの向こう側の問題を考えたい。

そもそも自由化は１９９０年代に始まった。９電力は地域独占や総括原価方式に守られ競争はなく、電気代は国際的に見て高くなった。通産省（現経産省）は、このままでは日本が競争力を失うと考えた。

業界の抵抗で家庭分野にまで踏み込めなかったが、２０１１年の原発事故が壁を突き崩した。ちょうど9電力体制ができて60年の「還暦」の年で、その制度疲労が指摘された。この経緯を重く見たい。

ようやく16年4月から家庭の電気でも価格競争が始まり、５％が契約先を切り替えた。先行する欧州と比べ、初年度としては悪くない。

だが、それで終わらせてはいけない。ドイツやイタリア、台湾は脱原発を決めたが、事故が起きた日本がその決断をできずにいる。原発から再生可能エネルギーへ電源をシフトする「改革」の筋道も、きちんと立てるときだ。

東電の経営問題は第2章でさらに深く考えたい。

3　電源シフトへ大手電力の壁

原発を取り巻く状況は、電力自由化だけでなく、再生可能エネルギーの導入加速という面からも厳しくなっている。

この2017年4月の連載「電力を問う『改革』の行方」の最終回（17年4月30日朝刊）は、変わりつつある日本の電源の状況を調べたものだったが、再生可能エネルギー（再エネ）の導入に、大手電力が持つ送電網が「障壁」になっている実態にたどりついた。記事の見出しは「変わる電源構成　再生エネ　送電網がネック」。計画ラッシュの石炭火力発電所の問題にも触れた。次の通りだ。

送電網がネック

東京電力福島第一原発事故を経た日本は電力を何で賄っていくか──。太陽光や風力などの再エネは大きく伸びる余地があるが、送電網の能力の問題に直面する。一方、石炭火力は発電コストが「安い」と各地で計画が持ち上がるが、温暖化対策に逆行する。国や大手電力の姿勢が電源のシフトを妨げている。

北海道・釧路湿原の南端。広大な空の下、紺色のパネル約7万枚が輝く。17年4月3日に本格稼働したメガソーラー「釧路町トリトウシ原野太陽光発電所」（出力1万4500キロワット）だ。

大手ゼネコン大林組の子会社「大林クリーンエナジー」として27カ所目の発電所になるが、社長の入矢《いりや》桂史郎《けいしろう》（62）は明かす。「ここの採算はよくない」

原発事故後の12年7月、太陽光や風力など再エネの電気の買い取りを大手電力に義務づけた固定価格買い取り制度（FIT）が始まった。多くの事業者が、これでもうけられると太陽光中心にどっと参入した。

しかし、太陽光や風力は天気次第で発電量が変わり、送電網の需給調整が間に合わなくなって停電する恐れがある。北海道の電力需要は少ないときで約300万キロワットだが、送電網へのメガソーラーの接続申請は13年3月時点で150万キロワット超に達した。

FITに抜け穴

こうした状況に北海道電力は13年4月17日、需給調整に問題が起きるので、メガソーラーは40万キロワットまでしか買わないと発表。計画を見直す事業者が続き、当時、「4・17ショック」と呼ばれた。

ただ、北電は蓄電池などを取り付ければ買い取りは可能との見解を示していた。それで釧路町のメガソーラーは蓄電池を併設することにしたのだ。事業費約80億円のうち蓄電池費用は約2割。その分、採算は悪くなったが、入矢は言う。「ここで低コストの蓄電池の技術を確立して、ほかにも売りたい」

日本に風力発電を持ち込んだと言われる「グリーンパワーインベストメント」社長の堀俊夫（75）も嘆く。「FITに抜け穴ができた」

同社は東北では6カ所、計74万キロワットの風力発電所の計画を進めるが、東北電力は17年2月3日、風力の接続申し込みが接続可能な量（251万キロワット）に達したとして、今後の申し込みは無補償の出力抑制に同意することを前提にすると発表した。

巨費を投じて風力発電所をつくっても、金銭的な対価を受けられない恐れが出てきた。経産省が15年1月に行ったFITの運用見直しによる。

経済産業省の2030年度の電源構成案

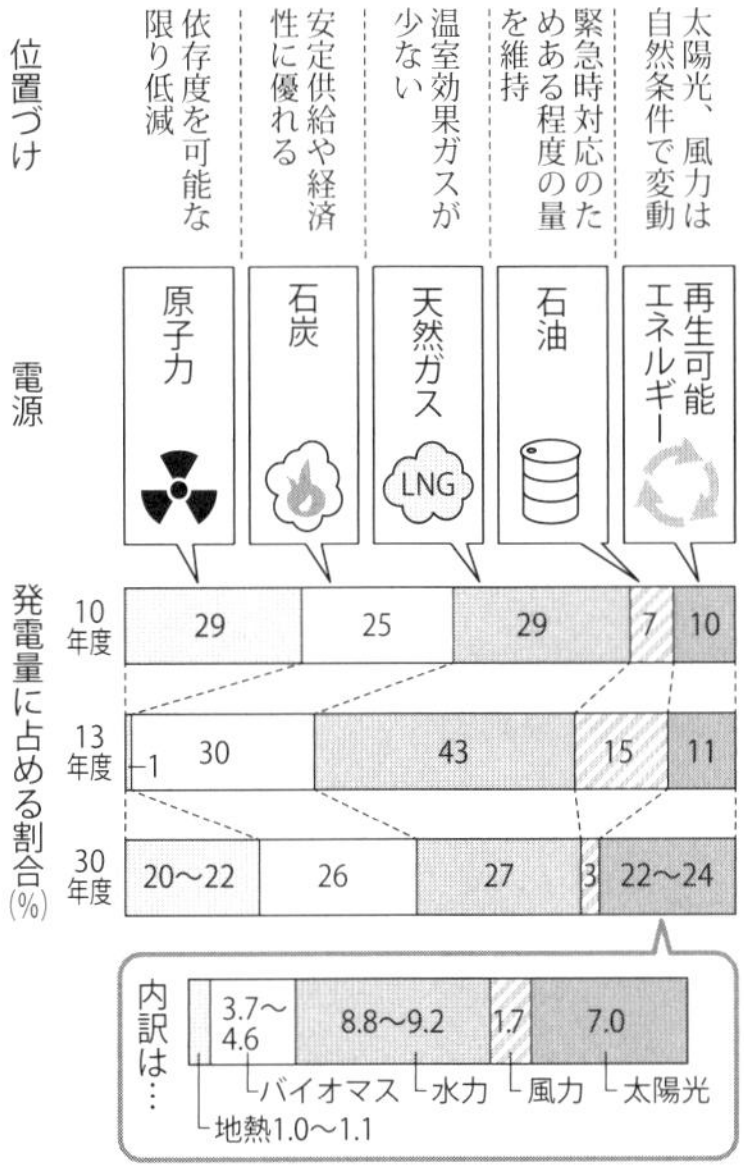

電力需要は減り続けている

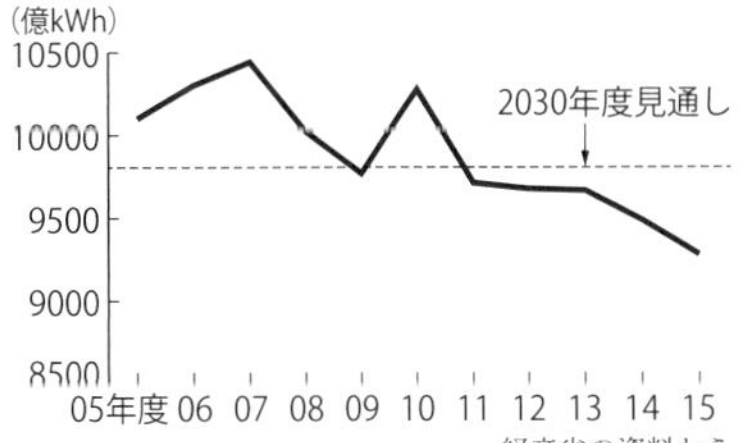

経産省の資料から

＊電源構成（エネルギーミックス）：将来のあるべき姿としての電源の組み合わせ。経済産業省が数年おきにつくる「長期エネルギー需給見通し」で定める。最新の15年7月のものは原発の再稼働方針を示した前年のエネルギー基本計画を踏まえ、30年度に原発20〜22%、石炭火力26%、再生可能エネルギー22〜24%になるとした。電力需要は原発事故後、減り続けているが、需給見通しでは30年度の需要は13年度よりも増えると見込む。

電力がたくさんあるなら、大手電力をつなぐ地域間の送電線を使い、人口の多い地域に送る。そうすれば風力や太陽光はまだまだ増やせるが、動きは鈍い。今、北海道や東北ではすべての原発が停止中だ。「大手電力は原発のため送電線に空きをつくっておきたいのだ」。再エネ業界にはそんな疑念の声がある。

石炭、温暖化対策に逆行

原発事故後、雨後のたけのこのように新設計画が相次ぐのが石炭火力だが、温暖化対策の面から中止しようという力とせめぎあっている。

17年4月15日、千葉市。1997年の京都議定書をきっかけにできたNGO「気候ネットワーク」理事の平田仁子《きみこ》は、市内で進む石炭火力発電所の建設に反対する住民らを前に、3月に中止になった近隣の石炭火力計画の事例を紹介した。関西電力子会社と東燃ゼネラル石油（現JXTGグループ）の計画だった。

平田はこの中止について、こう解説した。「電力需要が伸びないなかで、数千億円もの投資をしても回収できないと見た」

石炭火力は、最新型でも天然ガス火力の約2倍の二酸化炭素（CO_2）を出す。将来的にCO_2規制が強まって採算が取れなくなるという考えもあったのでは、と言うのだ。

平田らによると、12年以降に持ち上がった石炭火力の計画は49基。背景として、平田は安倍政権が14年の「エネルギー基本計画」で、原発と石炭火力を重要なベースロード（基幹）電源に位置付けたことが大きいと見る。

だが、地球温暖化対策の国際ルール「パリ協定」が16年11月に発効して、日本も温室効果ガスの大幅削減を求められる。米トランプ政権は協定脱退をちらつかせるが、英仏など多くの国は石炭火力の廃止に向けた政策を打ち出している。

平田は「このまま石炭火力の計画が進めば日本は明らかに設備過剰になる。石炭火力への投資は『損をする』選択だと訴えていきたい」と語る。（記事から）

他方、原発を維持するにしても、発電後に出る使用済み核燃料の問題も待ったなし、の状態だ。この記事には、大阪経済部の伊藤弘毅記者が取材した関西電力の「状況」も付けた。以下の通りだ。

原発ごみ、行き先なく

石炭火力とともに、政権がベース電源と位置付ける原発は、運転を続けるうえでのハードルが山ほどある。喫緊の課題の一つが、発電後に出る使用済み核燃料の置き場所だ。

17年4月25日、福井県庁7階の会議室。知事の西川一誠（72）と関電社長、岩根茂樹（63）が向き合った。西川は高浜原発3、4号機の再稼働の流れを聞いたうえで、関電が約束した使用済み核燃料の中間貯蔵施設の進み具合をただした。

「1年半が経過したが、いまだに具体的な姿が見えない。この問題が解決しなければ、原子力発電の基本がなりたたない」

福井県内にある関電の美浜、大飯、高浜の3原発の敷地内にある使用済み核燃料の保管プールは満杯が近づく。関電がめざす9基全基の稼働が実現すれば、あと6、7年で埋まる。保管場所がなくなれば原発の運転を止める事態もありえる。

西川はかねて関電に使用済み核燃料の中間貯蔵施設を県外につくるように求めてきた。これに対し関電は15年11月、「20年ごろ建設用地を選び、30年ごろに稼働する」と表明した。だが、その後の進展が見えない。西川の口ぶりからはいらだちも見えた。

岩根は「中間貯蔵は最重要課題。計画地点の確定に不退転の思いで取り組む」と意気込みを示したものの、具体的な成果は示せなかった。担当の部長職を置き、保管場所の候補地になりそうな地域への説明を5千回以上も重ねたというが、見つからない。

電気事業連合会によると、国内の原発の使用済み核燃料は17年3月末時点で1万4870トンにのぼり、燃料プールや貯蔵施設の容量の7割を超える。政府は30年度の電源構成に占める原発の割合を20～22％にする目標を掲げるが、「原発のごみ」で立ち行かなくなる可能性がある。

「日本において処分場のめどを付けられると思うほうが楽観的で無責任すぎる」。脱原発を唱える元首相・小泉純一郎（75）の言葉が重くのしかかる。　（記事から）

これらの記事をまとめて改めて思ったのは、まさに原発や石油・石炭火力から再エネへの電源シフトをめぐる攻防が激しくなっているということだ。この連載最終回は、次の私の論評を付けて締めくくった。

再エネを基幹電源に

「原子力ルネサンス」。2011年の原発事故の前、原発はそうもてはやされた。当時、国は30年度の電源構成で原発を最大で5割としていた。そんななかで原発にのめり込み、経営危機に陥ったのが東芝だ。

電力需要は事故後、経産省の想定と違って約1割減っている。もう原発への幻想を捨てるときだ。今さら石炭火力への回帰もなかろう。日本でもようやく成長し始めた再エネだが水力を除くとまだ5％ほど。3割超のドイツと比べるとまだまだだ。

なのに、経産省は原発や石炭火力の優遇策を整えつつある。時計の針を巻き戻すつもりなのか。今大事なのは、送電網の充実などにより再エネを基幹電源に育てていくことだ。節電も重視したい。改革の方向を間違えてはいけない。

4　実力付ける再生可能エネルギー

前節では、原発や石炭火力などの問題を見たが、再生可能エネルギーはどうだろうか。例えば、大きな弱点とされた発電コストはかなり下がってきている。その象徴的な事例として、私は家庭用太陽光発電の現状に絡んで、2016年3月30日、ある一つの試算を朝日新聞の経済面で紹介した。それが次の記事だ。

住宅用太陽光、コスト4割減

住宅用太陽光発電の設置費用などがここ数年で大きく下がり、20年間使う場合の発電費用が、大手電力会社の電気料金とほぼ同じになったことが、自然エネルギー財団（東京都港区）の試算で分かった。今後、電気をためる家庭用蓄電池の普及が進めば、電力会社に頼らない電気の「自給自足」も近づく。

同財団の木村啓二・上級研究員の試算。太陽光パネル設置・維持費用と、20年間使う場合の総発電量などから計算したところ、14年10～12月の1キロワット時あたり発電費用は25・28円で、10年4～6月の41・50円から約4割下がった。

一方、この間の大手電力の家庭向け電気料金の平均は、東日本大震災後の原発停止や、円安による輸入燃料の高騰などで20・37円から26・26円に上がった。

住宅用の太陽光発電システムの設置費用は現在、平均的な容量5キロワットのタイプは170万円前後と、5年前に比べ3割強も下がった。太陽光パネルの価格競争が世界的に激しくなっていることが背景にある。

試算は、発電した電気をすべて自家消費する前提だが、実際の利用は異なる。太陽光の発電量が多い昼間は、余った電気を電力会社に買い取ってもらい、逆に足りなくなる朝や夜は電力会社から電気を買うためだ。

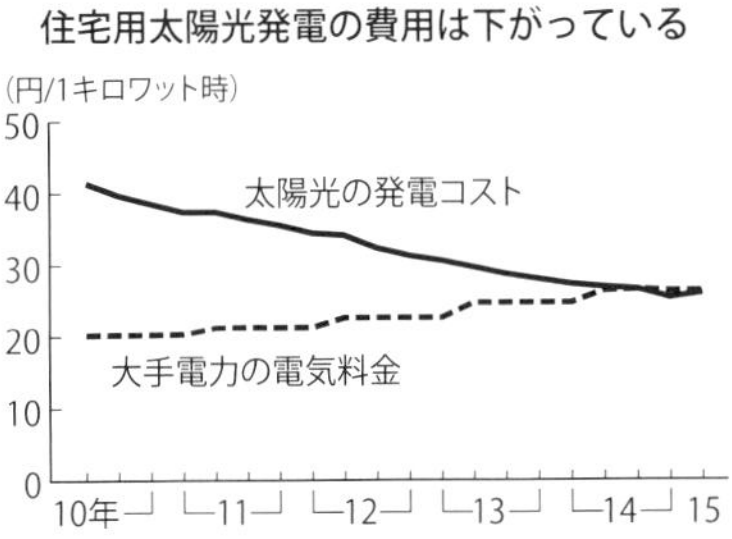

自然エネルギー財団の試算から。太陽光は住宅用で四半期ごと。電気料金は年度平均

太陽光発電協会によると、住宅用太陽光発電は14年度末で累計約170万件。戸建て住宅での太陽光の設置率は約6％と見られる。

通常の「電気料金並み」に

太陽光の発電コストが通常の電気料金並みに下がることは、太陽光発電関連の業界内で「グリッドパリティー（送電線電力との等価）」と呼ばれ、長年の悲願だった。

住宅用太陽光の情報サイトを運営する「ソーラーパートナーズ」（東京都港区）の中嶋明《あき》洋《ひろ》社長は「電気料金に負けていないのだから、太陽光は住宅の標準装備になる」と期待する。

太陽光発電のコストがここまで下がってきた背景には、太陽光発電の価格低下を促す国の政策の後押しもあった。経済産業省は2009年、太陽光発電の余剰分を10年間、固定価格で電力会社が買い取る制度を導入した。

当初、1キロワット時あたりの買い取り価格は48円と、電気料金を大きく上回っていた。順次、引き下げられ、16年度は31円（北海道や九州などは33円）とされたが、まだ電気料金より高い。

昨年（15年）10月に太陽光発電を自宅に付けた千葉市の会社員（45）は「初期投資はざ

っと6キロワットで200万円。決断は（制度を使えば）10年弱で元が取れることでした」と話す。

ただ、国の支援策がいつまで続くかは分からない。太陽光発電のさらなる普及は、昼に余った電気をため、朝や夜に使うための家庭用蓄電池がどこまで安くなるかにかかっている。今は容量5キロワット時の蓄電池で少なくとも100万円かかる。

住宅用太陽光をリードしてきた積水化学工業は近年、新築の太陽光の採用率は約8割を保つが、蓄電池はまだ30％以下という。太陽光を担当する塩将一《しおまさかず》さんは「蓄電池でも、価格低下につながるブレークスルー（突破）が起きるはず」と話す。電気自動車を蓄電池として利用する方法も有力視されている。

家庭の電気の「自給自足」が進めば、電力会社から電気を買う必要がなくなるため、電力自由化のなかで大手電力会社も、住宅用太陽光の動向を警戒している。（記事から）

再生可能エネルギーを入れていこうという動きは、地域や企業の間でも広がっている。私は2016年11月、その一端として、分散型の再エネ事業者らが開いた会議を取材して、朝日新聞デジタルの「核リポート」で概略を伝えた（掲載は16年11月8日）。

第１回世界ご当地エネルギー会議の様子＝16年11月３日、福島市

福島からエネルギー革命を

世界の再生可能エネルギーの関係者が一堂に会し、分散型電源など地域主導の再エネ普及策を探る「第１回世界ご当地エネルギー会議」が16年11月３、４両日、福島市で開かれた。「ご当地」には「コミュニティー」の意味が込められており、世界各地から延べ620人が参加。５年前、未曾《みぞ》有《う》の原発事故が起きた被災地から「エネルギー革命」を起こし、原子力に依存しない未来を次世代に託そうというメッセージを発信した。

まず登壇したのは、この夏、ドイツの再エネ拡大策を学ぶ海外派遣プロジェクトに参加した県立福島高校２年の加藤由萌香さん。「この福島で再エネの国際会議が開かれることを、私たちは大変うれしく思っています。会議が成功し、世界の先駆けとなることを願い、ここに第１回世界ご当地エネルギー会議の開会を宣言します」と述べ、大きな拍手を受けて始まった。

続いて、会議の共同実行委員長を務める会津電力の佐藤弥右衛門《やうえもん》社長が、日本の電力政策について「今まで大きな電力会社や国に任せきりにしていた。しかし、福島は5年前の事故で、そんな依存の危うさを実感した」と強調。「私たちの地域には水などの資源がある。これを外に出さずに使っていくことが大事。そうした動きは世界中でもう始まっている」と語った。

折しも会議2日目の4日に、地球温暖化対策の新たな国際ルール「パリ協定」*が発効することになっていた。共同実行委員長の一人で環境エネルギー政策研究所の飯田哲也《てつなり》所長は、開会のあいさつでこんな見方を示した。「福島原発事故を教訓に、パリ協定の発効を契機に、地域から自治体から市民から、誰もが参加できる、静かだが、ダイナミックなエネルギーの革命が起きている」

ドイツ環境省のハラルド・ナイツェル環境エネルギー副局長も、気候変動問題への対処として再エネが重要な柱になっていると指摘。22年までに原発をなくすことなどを柱とする「エネルギーベンデ（転換）」政策をメルケル政権が加速させていることを挙げ、「この政策は政府だけでなく、都市・地域レベル、市民レベル、企業レベルでも進められている。そうして00年に5%だった再エネの割合が、今日33%になった」と話した。

また基調講演では、世界風力エネルギー協会のピーター・レイ会長が登壇。「コミュニティーパワー（ご当地電力）は、地域にあった分散型電源であり、従来の（大手電力会社の）送電網のシステムを置き換える可能性を示している。大切なのは、様々な再エネをそれぞれの地域に合わせて使っていくことだ」と述べた。

再生可能エネルギーの国際機関「REN21」のクリスティン・リン事務局長は、毎年作成している「自然エネルギー世界白書」の16年版をもとに、「世界の再エネの発電設備は15年に147ギガワット（1ギガワット＝100万キロワット。水力を含む）も増えた。中国や米国、日本の太陽光発電への投資が寄与した」と指摘した。（記事から）

＊パリ協定：京都議定書に代わる新しい地球温暖化対策の国際ルール。2015年にフランスであった、国連の気候変動枠組み条約の第21回締約国会議（COP21）で採択、16年11月に発効した。産業革命前からの気温上昇を2度より低く抑えることが目標。達成のため、今世紀後半に世界全体で温室効果ガスの排出を「実質ゼロ」にすることを目指している。

「ご当地エネルギー」、各地に

この「第1回世界ご当地エネルギー会議」の共同実行委員長である会津電力の佐藤弥右衛門社長に、私は会議直前にインタビューし、同じく朝日新聞デジタルの「核リポート」

でその思いを伝えた（２０１６年10月20日）。

佐藤社長は、会津・喜多方市で２００年以上続く造り酒屋「大和川酒造店」の９代目当主だ（現在は会長）。原発事故後の13年８月、市民有志らで「会津電力」を設立、社長になった。その再エネへの取り組みは、まるでブルドーザーのように馬力がある。

以下の「核リポート」の記事「ご当地電力革命、造り酒屋の当主が挑む」の抜粋からも、佐藤社長の熱い思いが伝わってくる。

会津電力社長・佐藤弥右衛門さん

――先代の８代目は、「蔵の町」の町並み保存に尽力されたそうですね。

「喜多方は養蚕や製糸業、醸造業などで栄えました。車社会の到来でそれらの蔵が次々につぶされ、アーケードや駐車場になっていきます。それで、おやじは蔵の復元に動き出しました。奇人と言われましたが、大量生産の酒に対抗するには蔵できちんと対面販売しなければ、という考え。そんな取り組みが当たるんですね。黒漆喰《しっくい》や白壁の美しい風景にひかれて、観光客が来るようになりました」

――「喜多方ラーメン」のブームにもつながった。

「ここは穀倉地帯で、しょうゆやみそなどの醸造業も盛んです。もちろん水もいい。だから、しょうゆ味の透き通ったうまいつゆができた。この地は米、麦、大豆はもちろん、山菜やキノコが採れる。清流が水車を回し、薪《まき》も燃料の炭にします。つまり、食料も水もエネルギーもある。豊かなんですね」

――それが5年前の原発事故で暗転する。再エネに取り組む動機はそこに？

「県内に10基もの原子炉があったなんて知りませんでした。うちは200年を超す歴史がありますが、あの事故の直後、放射能汚染で、もうおしまいだと覚悟した。その後、会津の放射線量は低かったのが分かるのですが、『このやろう』と思いました」

「この地の水力発電は戦前の戦時体制強化で国に召し上げられ、戦後も首都圏のために開発が進められました。福島県内にできた水力発電所は約400万キロワットと原発4基分です。その水利権は東京電力や東北電力、電源開発が独占しました。その価値は毎年、数千億円になるのではないでしょうか。過疎だ、高齢化だと非難されましたが、ここに降った雪や雨が、つまりオレたちの水が奪われてきたと気づいたんです。あげくの果てに原発事故です。本当に悔しい」

――それで、再エネによる社会づくりを掲げた会津電力を設立する。

「この地の再エネは地元で使うべきだろう、と。会津電力は戦前に実在した会社の名前です。大手から水力発電を取り戻せないかと本音では思うのですが、まずは固定価格買い取り制度で見通しが付いた太陽光発電に専念しました。今、子会社を含め、太陽光の発電設備は50カ所を数えます。次は水力発電や風力発電にも力を入れたい。いずれは電力の小売りもやりたい。狙うのは自治体との連携です。自治体は水道水をサイドビジネスのようにやっている。それに私たちの電気や熱も組み合わせる。水のお客さんがそのままマーケットになれば強い」

――会津電力など地域に立脚した全国の「ご当地エネルギー」会社が集まって、14年に「全国ご当地エネルギー協会」をつくりました。佐藤さんが代表理事に就かれましたが、こちらの抱負は。

「夢なのですが、私たちで、いわゆる（沖縄を含めた）10電力に続く11番目の電力会社をつくりたい。原発をやらない再エネ中心の。まずは、今のネットワークのなかで、やる気のある連中をピックアップし、戦闘集団をつくる。当面はゲリラ戦でしょうが、潮目が変わるときが来ると思う。インターネットの急拡大だって誰も予測していなかったんですから」

――11月に開く「第1回世界ご当地エネルギー会議」では、海外の要人も招くんですね。

「世界的に見てもコミュニティーパワーがどんどん成長しています。私は、原発事故のあとの12年、欧州を訪問して実感しました。とくにドイツやオーストリアでは、エネルギーをはじめ生活インフラの整備や運営を担う地域密着型事業体（シュタットベルケ）が根を張っていることに驚きました。エネルギーを地域から逃さず、地域で回すんです」

「今度の国際会議は、従来の私たちの価値観を変えるきっかけにしたい。つまり、新たな『黒船』のような役割を果たせたらと願っています。エネルギーは自分たち自身でつくる、そうして地域の自立を果たす、経済のルールを変えていく。もう、白馬にまたがった王子様には期待しないと覚悟を決めないといけません」

——やっていておもしろい？

「おもしろくて仕方がない。だって、フロンティア。まあ、次世代の子どもや孫たちに、あのとき、じいちゃんは黙っていなかったぞ、と。なんか動いていたぞ、と言ってもらえたらと思っています」

（記事から）

原発事故は悪夢だったが、救いは、こんな思いを持つ「ご当地エネルギー」会社が全国各地に誕生していることだ。まだ非力だろうが、勢いがある。「原子力村」をいらつかせているのではないだろうか。

産業界からも再エネ要請

前述の「パリ協定」も、再生可能エネルギー拡大への大きな追い風になりそうだ。トランプ米大統領は17年6月、米国の協定離脱を表明したが、大量の電気を使う需要家のほうも、化石資源に頼らない再エネが欲しいと声を上げ始めている。

私は17年8月、産業界の温暖化対策をまとめた記事を経済面に出したが、そのなかで取り上げた国内企業2社の取り組みをここでも紹介したい。

先駆的な環境対策で知られるリコーは17年4月、50年までに工場や事業所で使う電力をすべて再エネで賄うという目標を発表した。強調しておきたいが、一部を再エネにするのではなく、そのすべて（！）を再エネにするという話だ。

17年6月の株主総会で、この点に関する質問が出ると、山下良則社長は自らの言葉でこう答えた。「需要者としてリコーが目標を設定・宣言することは、電力供給者に対する意思表示にもなります」。同社の4月の発表について、大手電力に対する再エネ拡大要求である、と公然と語ったのだった。

いち早く50年までの温室効果ガスの排出ゼロという目標を掲げたソニーも、東京電力グループとの間で、発電時にCO_2を出さない水力発電の電力を使う契約を結び、17年4月から東京都港区の本社ビルなどで使い始めた。

普通の電力と比べて割高だが、私が品質・環境部の鶴田健志・ゼネラルマネジャーに株主らにどう説明するのか、と聞くとこう断言した。

「ソニーが持続的に発展するには、エネルギーの持続的な調達手段があったほうがいいわけです。これでリスクが減る」

こうした形で再生可能エネルギーへの電源のシフトの動きが今後、ますます速く強くなるのは間違いない。

5 「事故費用の備え」をどうするのか

一方、原発には重たい課題がどんどんのしかかってくる。

使用済み核燃料の問題はすでに指摘したが、もう一つの大きな課題は、原発事故の対応費用をどう手当てするかだ。

２０１１年３月の東京電力福島第一原発事故は、私たちがどれだけ安全対策への備えを怠ってきたかを明らかにした。そればかりか、賠償費用など事故対応費用の手当てもまったく不十分だったことも明らかにした。

実際に起きてしまった福島の事故の賠償や廃炉などの費用対応は第2章に詳しく書くが、問題は、安倍政権が今後も原発の再稼働・維持路線を進めるとしているのに、原子力事故の損害賠償制度の欠陥さえ、きちんと直せていない。

政府は一応、有識者を集めて議論を進めているが、まとまらない。私は朝日新聞の言論サイト「WEBRONZA」でその途中経過を報告した（16年7月7日「原発事故の賠償制度巨額支払いリスクを議論せよ」）。抜粋する。

誰が責任を負うのか

万一、東京電力福島第一原発事故のような巨大な原発事故が再び起きたら、誰か責任を負うのか、ひいては誰が賠償の原資を払うのか――原子力委員会の専門部会で、次の事故に備えようと、原子力損害賠償制度の「あり方」が議論されている。

経済界の委員は、電力会社の声を代弁する形で、電力会社の責任に上限を設け（有限責任論）、「あとは国で」と主張する。虫のいい話に聞こえるが、安倍政権は原発維持路線を突き進む。そこに国の責任はないのか。原発を使い続けることに伴う巨額の費用負担リスクをどう考えるべきか。

福島の原発事故は、被害があまりに大きかったため、当時の民主党政権は賠償費用を賄うのに、原発を持つ全国の電力会社に「奉加帳」を回し、電気料金に上乗せして徴収する仕組みをつくった。東電が見込む要賠償額は、現時点（16年7月）で7兆6千億円強にのぼり、実際の支払額もすでに6兆円を突破している。

一方、被災者らが東電を相手に慰謝料や原状回復などを求めた集団賠償訴訟は全国で約30件起こされ、原告数は1万人を超えた（第5章で詳述する）。この賠償の枠組みに納得できない被災者が多数いることを示している。そのほとんどが、国の過失を問う国家賠償訴訟でもある。

訴えた事情は様々だ。「元の家に帰っても、山菜採りもできないし、孫も遊びに来ない」「仕事のためにとどまったものの、被曝《ひばく》の不安が消えない」「避難指示区域外なので『自主避難』となり、賠償はわずかしか出なかった」……。

「国にも責任」と経済界

そんな前例のない被害をもたらした原発事故が再び起きたら、その賠償費用をどう手当てするかということで、15年5月、内閣府原子力委員会に専門部会が立ち上がった。委員は法律に詳しい大学教授を中心に、経済団体や消費者関係団体など各界の識者19人で構成する。

部会長には東京大学前総長の濱田純一《はまだじゅんいち》氏が、副部会長には早稲田大学総長の鎌田薫《かまたかおる》氏という「大物」が座った。環境法の大家の早稲田大学教授の大塚直《ただし》氏や著名弁護士の住田裕子《すみたひろこ》氏、さらにオブザーバーとして電気事業連合会専務理事の小野田聡氏も加わる。16年6月までに11回開かれたが、これまでの議論では、「有限責任論」が大きな焦点になっている。電力会社の支払いに上限を設けるか（さらに、それを超える損害は国が補償するか）どうかということだ。

有限責任論を唱える代表格が財界からの加藤泰彦《やすひこ》氏（日本経団連資源・エネルギー対策委員会共同委員長）で、5月末の専門部会に経団連としての「提言」を出している。

その提言は、「国の役割・責任」との項目で、「これまで国策として原子力を積極的に推進し、今後も一定水準の利用を図っていくことを方針として掲げている」と強調したうえで、「国は、安全確保を実現するために事業者を規制し、監督してきた。福島第一原発事故の後においても、事業者は国が新たに定めた厳格な安全基準をクリアすることを求められている」などと続けた。

だから、国に「責任あり」という論理で、「事業者責任に上限を設け、それを超える賠償が発生した場合は国が補償」すべきだ、としたのだった。

しかし、消費生活アドバイザーの辰巳菊子《たつみきくこ》氏が、「（原発で利益を得ながら）事故が起こったときにだけ、国に負担をというのは納得しがたい」との指摘をした。私も同じ思いを抱く。

「責任」負いたくない政府

ただ、私が、もう一つ重く考えたいと思うのは、今の安倍政権が、強い原発再稼働・維持路線を取っていることだ。「国策」の度合いは、事故の前より、むしろ強まっているように見える。

安倍晋三首相は13年5月、国会審議で「原発再稼働に向けて政府一丸となって対応し、できるだけ早く実現していきたい」と語った。規制委の新基準についても「世界で最も厳しい基準」と言っている。14年4月に閣議決定したエネルギー基本計画は、原発を「重要なベースロード電源」と位置付けた。

ところが、「責任」から逃れたいとも受け取れる姿勢が、ときに出る。

例えば、九州電力川内原発1、2号機の再稼働を前に、菅義偉《すがよしひで》官房長官は14年7月の会見で「原発の安全性は規制委に委ねている。個々の再稼働は事業者（電力会社）の判断で決めることだ」と述べた。一方、規制委の田中俊一委員長は「安全だということは、私は申し上げません。再稼働の判断にはかかわりません」と語っている。

突き放した言い方は、「責任」を真正面から背負いたくないからだろう。国の「責任」を明確にすれば、国家補償にも結び付きかねず、国の財布を握る財務省も黙っていないはずだ。

負うのは「私たち」に？

専門部会の議論はまだ方向感も定まっていないが、原発を始めようとした半世紀前の議論を繰り返しているかのようだ。

現在の原子力損害賠償法は１９６１年に公布された。このとき、法案の準備作業をした政府の専門部会の答申は、「被害者を泣き寝入りさせることのないように、賠償責任が経営に過当な負担となることのないように」などとして、会社がカバーできない損害は「国家補償すべきだ」と提唱した。

しかし、財政負担への懸念などから大蔵省（現・財務省）が反対し、最終的に「政府は必要な援助を行う」とする原賠法第16条の規定になった。福島の原発事故のあと、国として、東電をつぶさず、賠償原資を全国の電気利用者から集めるとした策は、この第16条が根拠になっている。

もっとも、今の専門部会に、財務官僚の姿はなく、東電の原発事故で賠償原資の多くを支払わされることになった、私たち電気利用者の声を聞く機会もまだない。

東電の原発事故で必要になったお金は賠償だけでない、除染や中間貯蔵などにかかる費用も巨額になる。それらをすべて足し込むと10兆円を優に超える。日本の人口で割れば一人あたり、ざっと10万円。長い時間をかけ、国民や電気利用者が電気代や税金を通じて払っていくことになる。

半世紀前と違うのは、原発事故を起こせば、とんでもないお金がかかることが、東電の原発事故で実際に分かってしまったことだ。そんな巨額の費用負担リスクがある発電方法がまだ必要なのか。事故が再び起きたら、またその請求書が私たちに回されるのか。根本を考える国民的論議をするべきではないか。

（記事から）


東電の原発事故で必要になる費用は、この「WEBRONZA」の記事を書いた時点で、最低でも10兆円を超えると見込まれていたのだが、時を経て、さらに膨らんでいく。どのような対応がなされたのか。どう対応すべきなのか。次の第2章で、これまでの経過とともに考えてみたい。

第2章　東電の実質国有化と国民への負担転嫁

「原子力村」の中心にいた東京電力は今、どうなっているだろうか。

２０１１年の福島での原発事故まで、東電は、明らかに日本を代表する超優良企業の一つだった。しかし、あれだけ大きな原発事故を起こしてしまった。

第1章の末尾の原子力損害賠償制度の見直しは、また事故が起きたときの備えをどうするかという話だ。福島の事故前、それはとてもお粗末だった。その点でも事故は起きるはずがないという「安全神話」に陥っていた。

だから、巨額の事故対応費用がいきなり必要になった東電はつぶれても当然だった。ところが、その巨額の事故対応費用を賄うため、経産省は東電をつぶさず、電気代に上乗せして集めていく手法を考えた。

と同時に、東電を実質的に国（経産省）の管理下に置き、電力自由化の「トップランナー」として、様々な「改革」を進めていくことにした。

16年の年初の連載「電力を問う　原発事故5年」、そして第1章でも一部を引用した17年4月の連載「電力を問う『改革の行方』」は、そうした東電の経営問題に切り込んだものだ。原発事故を起こした電力会社をつぶさず、再建するというのは、どういうことなのか。是非はともかく、連載記事をもとに、その全体像を示したいと思う。

1　東電が負う「責任と競争」

（掲載は２０１６年１月11日「電力を問う 原発事故５年①」）

原発事故後の東京電力にとって、それは「異色」の記者発表だった。

15年８月18日、東京・内幸町《うちさいわいちょう》にある本店の会見室。大きなスクリーンを背に現れた社長の広瀬直己《なおみ》（62）は、ピンマイクを胸に付け、身ぶり手ぶりを交えて経営戦略を語り始めた。有名なＩＴ（情報技術）企業などではやりのスタイルだ。

東電は、16年４月の電力の小売り全面自由化に合わせ、燃料・火力発電、送配電、小売りの３つの事業会社を置く持ち株会社制に移行する。機能別に分けて他社と提携を結び、競争を勝ち抜くねらいだ。掲げた

東電は持ち株会社制に移行する

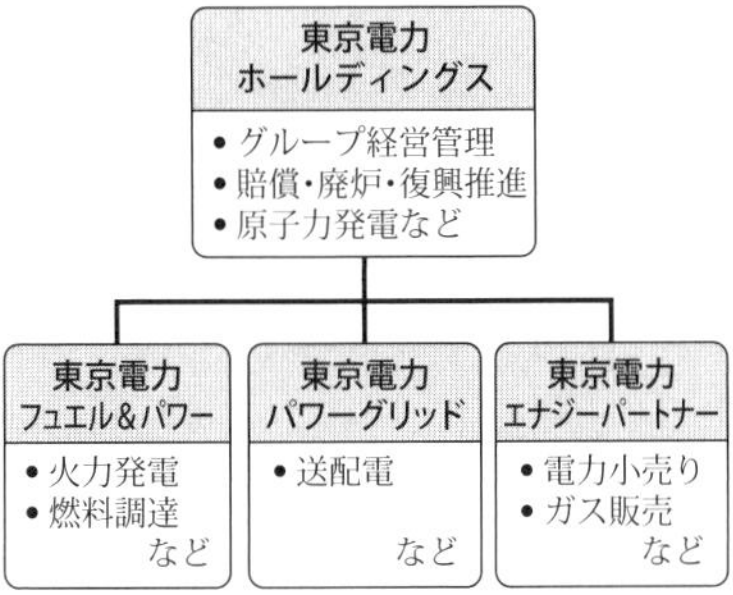

経営状況	2011年3月期	2015年3月期
売上高	5兆3685億円	6兆8024億円
経常損益	3176億円	2080億円
契約口数	2873万口	2922万口
従業員数	5万2970人	4万3330人

記者発表に臨む東京電力の広瀬直己社長＝2015年８月、東電本店

スローガンは「挑戦するエナジー。」。そのお披露目の場だった。

広瀬は「福島の責任を全うします」と前置きしたうえで、こう説明した。

「挑戦者のスピリッツを呼び起こそう、厳しい状況を乗り越えていこう。そうした思いを込め、新しいスタートを切ります」

効果音も使いながら、華々しささえ感じさせる演出。だが、福島県の地元紙、福島民友新聞の記者の質問で雰囲気が変わる。

「ときに手を広げて歩き回りながらのプレゼン（テーション）を、社長、福島県でできますか」

広瀬の表情はきつくなった。「東電はますますしっかりしないといけない。それが福島の責任を果たすことにもなる」。そう答えたが、同じように振る舞えるかには触れなかった。

質問は、分社化などで東電が負うべき責任がないがしろにされるなら問題だ、そんな地元の思いを代弁していた。

東電には、被災した住民に賠償し、事故を収束させて廃炉を完了する責任がある。除染の負担もある。そのためにも強い会社に生まれ変わる必要がある、とする東電。だが、その「両立」は簡単ではない。

官僚、仕掛けた「連判状」

東電が原子力損害賠償支援機構の出資を受け、実質的に国有化されたのは12年7月。給料は減り、優秀な社員の退社が続いた。3カ月後の機構運営委員会で、広瀬は「MBA（経営学修士）を持つような人が辞める」と嘆いた。

このままではゾンビ企業になってしまう――。社員の士気を高めるため、「責任と競争の両立」という発想を打ち出したのが、今は経済産業省大臣官房長（17年7月に経産事務次官に就任）を務める嶋田隆（55）だ。

閣僚ポストを歴任した与謝野馨《よさのかおる》（77）の秘書官が長く、政官界の人脈は幅広い。嶋田は国有化に伴って東電の取締役兼執行役に就く。事実上の筆頭株主の国からの目付け役だ。実際の経営も、嶋田らの意向が色濃く反映されていく。

嶋田が狙ったのは、東電本体だけでなく、電力業界全体も刷新することだった。東電を盟主とした電力業界は政治力を使って発送電分離を阻み、地域独占を守ってきた。「問題は国にもあった。経産省の『原罪』だ。なかに入ってやるしかない」。嶋田は当時、後輩にそう語っている。

持ち株会社化は、電力大手で初めて発送電の分離を実現するものだ。14年にまとめた中部電力との火力や燃料調達での提携も、機能ごとの再編を業界に先駆けて進め、地域の壁を崩すことにつながる。

それは、経産省が進める電力自由化と歩調を合わせたもので、東電は自由化の「トップランナー」と位置付けられた。だが、福島の責任にかかる費用が際限なく増えるようでは、競争の足かせになってしまう。

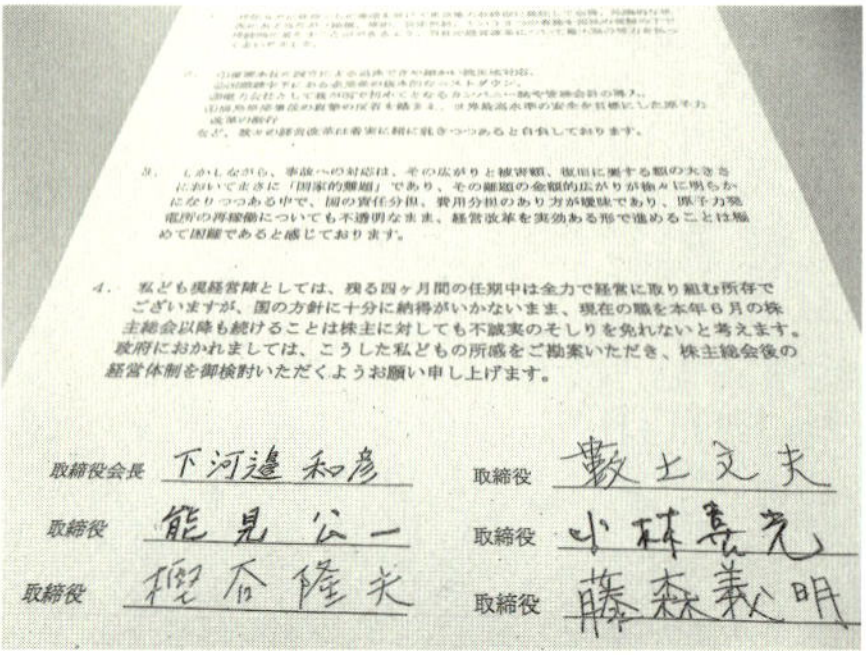
3. しかしながら、事故への対応は、その広がりと被害額、復旧に要する額の大きさにおいてまさに「国家的難題」であり、その難題の金額的広がりが徐々に明らかになりつつある中で、国の責任分担、費用分担のあり方が曖昧であり、原子力発電所の再稼働についても不透明なまま、経営改革を実効ある形で進めることは極めて困難であると感じております。

4. 私ども現経営陣としては、残る四ヶ月間の任期中は全力で経営に取り組む所存でございますが、国の方針に十分に納得がいかないまま、現在の職を本年6月の株主総会以降も続けることは株主に対しても不誠実のそしりを免れないと考えます。政府におかれましては、こうした私どもの所感をご勘案いただき、株主総会後の経営体制を御検討いただくようお願い申し上げます。

取締役会長 下河邉和彦　取締役 數土文夫
取締役 能見公一　取締役 小林喜光
取締役 樫谷隆夫　取締役 藤森義明

社外取締役6人が署名した「連判状」

13年3月、嶋田は全社外取締役の署名を入れた要望書を経産省に出した。政府に対応を迫る「連判状」とも言える内容だった。

「国の責任、費用分担のあり方があいまいで、経営改革は困難である」

「国の方針に納得がいかないまま、現在の職を株主総会以降も続けることは株主にも不誠実。政府は総会後の経営体制を検討してほしい」

社外取締役たちは嶋田の言葉に驚いた。「国が動かないなら私は辞めます。みなさんも辞めましょう」

自民、公明両党は13年11月、復興加速化の提言をまとめた。そこで、計画された除染費用約2・5兆円の財源として、支援機構が持つ東電株の売却益を充てることが決まった。除染で出た汚染土などの中間貯蔵施設の約1・1兆円も、電気料金に上乗せされる税金から捻出《ねんしゅつ》することになった。

いずれも本来なら東電が負担するべきものだ。この負担軽減は裏を返せば、国や納税者が肩代わりすることと言えた。年が明けた14年1月、東電は新たにまとめた再建計画で、初めて「責任と競争の両立」を打ち出した。

「陰の社長」と揶揄《やゆ》されるようになった嶋田は15年夏、経産省に戻った。去り際、東電の幹部社員にこう言い残した。「東電は福島をやるために資本主義の原則を曲げてまで、つぶさなかった。福島を切り離すならつぶしたほうがいい」

続く賠償、進む自由化

「生き残るのは並大抵のことではない。今までの延長では、絶対にこの困難な状況を打開できない」」。16年1月4日、東電本店。会長の数土《すど》文夫（74）は、幹部社員を集めた年頭あいさつで、そう強調した。

連判状にも名を連ねた数土は、安倍政権に請われてトップに就いた。鉄鋼大手のＪＦＥホールディングスを率い、国際競争の厳しい現実を知るだけに、競争意識がなかなか浸透しないことに危機感を強める。

数土は、ある試算を挙げた。今後10年間で東電のある関東地方に、東電以外の電源が６００万キロワット以上つくられ、販売電力量の10％以上が奪われる――。これまでは国内最大の電力消費地を「独占」できたが、自由化による競争で顧客を大量に失いかねない。

福島第一原発事故に絡んでは、少なくとも11兆円とされる賠償や除染など事故対策費用の手当てが進んだが、廃炉の費用も巨額になりそうだ。遠からず対応が必要になる。

さらに賠償原資の一部に充てるため、東電は15年３月期だと６００億円の「特別負担金」を支援機構に納めたが、今後も相当額を納めていかないといけない。

社員には「原発事故は天災によるものだ」との被害者意識があった。一方、事故後に自ら辞めた社員は２千人を超えた。被災地に限らず、東電に対する視線は依然として厳しい。

「福島の責任を果たし、新しい価値を継続的に創造していく」という数土らのかけ声が、社員に行き渡るのか。再建の着地点はまだ見えない。

（記事から）

時間はさかのぼるが、そもそもなぜ、原発事故の対応費用を、全国の電気利用者らが負わされ、東電は国の管理下に置かれることになったのか。連載「電力を問う　原発事故5年」の2回目で、その経緯に迫った。

2　事故の賠償「免責通じぬ」

（掲載は2016年1月18日「電力を問う　原発事故5年②」）

企業が工場で事故を起こし、周辺の住民が被害を受ければ、普通、企業が賠償の責任を負う。東京電力福島第一原発事故は違った。被害があまりに大きかったことで全国の電気利用者らが負担することになったのだ。

損害賠償の議論は事故直後から始まった。2011年4月、都内某所。民主党政権で官房副長官を務める仙谷由人《せんごくよしと》（70）は、東京電力会長の勝俣恒久《かつまたつねひさ》（75）と向き合っていた。

勝俣は、事故時の賠償を定めた原子力損害賠償法に基づき、東電の「免責」を求めた。第3条の「ただし書き」は「巨大な天災地変」で損害が生じた場合は、責任を免除すると

原発事故　誰が負担？

【原子力損害賠償法】

第3条
原子力事業者が損害を賠償する責めを負う。ただし、損害が異常に巨大な天災地変または社会的動乱による場合はこの限りでない。

第16条
政府は、この法律の目的を達成するため必要があると認めるときは、事業者に必要な援助を行うものとする。

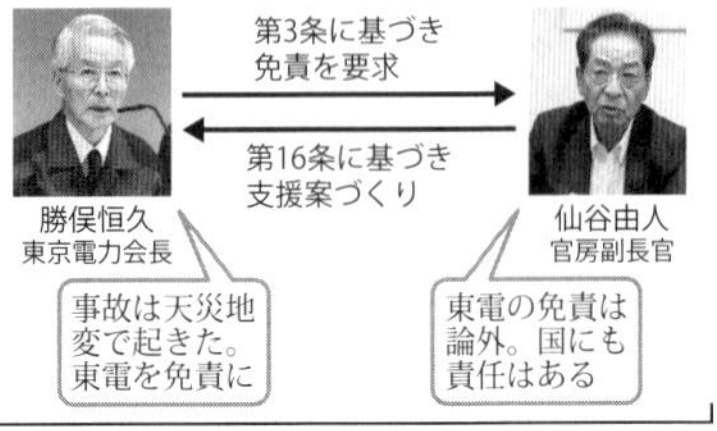

第3条に基づき免責を要求
第16条に基づき支援案づくり
勝俣恒久
東京電力会長
仙谷由人
官房副長官
事故は天災地変で起きた。東電を免責に
東電の免責は論外。国にも責任はある

肩書は当時。
条文は要旨

原発事故の負担はこう決まっていく

	費用	どう負担するのか
損害賠償・賠償対応	6兆2458億円	一般負担金、特別負担金
除染	2兆4800億円	東電株の売却益など
中間貯蔵施設	1兆600億円	電源開発促進税
事故収束・事故炉廃止	2兆1675億円	電気料金の原価への算入など
原子力災害関係経費	3878億円	国の予算措置
計	12兆3411億円	

立命館大学・大島堅一教授と大阪市立大学・除本理史教授の論文をもとに作製

している。巨大津波が襲った東日本大震災はそれに当たるというのだ。

「免責を前提に、あとは国でお願いしたい」などとする勝俣に、仙谷は即答した。「そうはなりません」

仙谷は相前後して、東電に融資をしていた都市銀行の頭取からも言われた。「あの津波では事故は不可抗力です」。東電がつぶれないよう願ったのだった。

弁護士でもある仙谷は、東電の事故対応のまずさを考えたら、「免責は『賠償論』の世界で通じない」と判断した。当時、原子炉を冷やすための海水注入が遅れたことや、緊急時に使う電源車のプラグがつながらなかったといったニュースが流れていたからだ。

未曾有の事故を起こした責任を明確にするため、東電を「法的整理」すべきだとの声も強まっていた。だが、それだと社債などの弁済が優先され、賠償の資金はほとんど残らない。被災者が泣くことになる。現場の社員もクモの子を散らすようにいなくなって、事故の収束さえままならない。結局、「国の責任になる」とも感じていた。

つぶさず、支払いを国が支える

東電を免責せず、つぶさず、支払いを国が支える——。仙谷は、賠償規模が大きくなる場合に、政府が援助することを定めた第16条を根拠にした支援案づくりに動く。問題は、同条が具体的な援助内容を定めていないことだった。

震災から1カ月後の11年4月11日、内閣官房に事実上、仙谷直轄の「経済被害対応室」が立ち上がった。経済産業省の別館に陣取り、関係省庁の精鋭を集めた。中心になったのが、財務省の高橋康文（56）と、経産省の伊藤禎則《さだのり》（44）だ。節電による薄ら明かりのなか、作業を急いだ。

賠償費用の試算は膨らんでいった。兆円単位の費用をどう工面するか。それも東電が決算発表する5月半ばまでに支援案はまとめる必要があった。巨額の賠償金で債務超過になる恐れがあると、監査法人から承認が得られないためだ。

企業が起こした事故の賠償に国の財政が出ることは、財務省が受けるはずもなかった。限られた条件のなかで浮上したのが、原発を持つ電力各社に分担を求める「奉加帳」を回し、電気料金に上乗せして利用者から徴収する案だった。

「事故の賠償のための奉加帳を事故後に回せるのか」。保険では考えられない、あと出しじゃんけんとも言えるような案を正当化するのに使ったのが「相互扶助」という考え方だ。今後、再び事故が起きても各社が助け合うという趣旨で、「東電のためだけではない」との建前だった。

政府は11年6月14日、東電支援策を法律にした原子力損害賠償支援機構法案を閣議決定する。相互扶助の証しに、内閣法制局のお墨付きをもらって、「法施行前に生じた損害にも適用する」と付則に書き込んだ。

「東電の免責論と法的整理論とが張り合うなかでできた第三のスキーム（枠組み）。当時の民主党政権下という政治状況では、あの形でしか法律は通らなかった」。今は大臣官房参事官として国会対応などに携わる伊藤は、当時の心境について周囲にそう語っている。

全国の電気代に転嫁

奉加帳にからむ経産省令は、半年近く経った10月21日の官報にひっそりと載った。電気料金の原価に、原発事故の賠償に使う「一般負担金」を加えられるよう、電気事業の会計規則などを変えるものだった。

こうした制度改正を受け、原発を持つ大手電力など11社は11年度から、支援機構に一般負担金を納め始めた。福島から遠く離れた北海道や九州などの家庭や企業も、実質的に賠償の原資を払うことになった。

平均的な家庭で毎月数十円だが、電気料金の明細には出てこない。電力会社が利用者にしっかり説明した形跡もない。再生可能エネルギーの買い取り費用を分担する「賦課金《ふかきん》」が明細に示され、負担感を抱くのとは大きな違いだ。

全国から集めれば、総額は大きくなる。11～14年度の4年間で一般負担金は５０８３億円に達した。事故を起こした東電は利益から「特別負担金」も納めており、黒字化した13～14年度で計１１００億円。それでも、まだ約６千億円とも言えた。

東電は15年７月、営業損害や風評被害の賠償などで、損害賠償の見積額が約６兆２千億円（除染を除く）になることを明らかにした。単純計算で、全国の電気利用者はこれから

20年以上にわたり、負担金を払い続けることになる。

立命館大学教授の大島堅一《けんいち》と大阪市立大学教授の除本理史《よけもとまさふみ》の分析によると、賠償に加え、除染や中間貯蔵施設などを積み上げた事故の対策費用の総額は最低でも12兆円になる。そして両教授は国民や電気利用者への負担転嫁が進んでいると指摘する。「請求書」は膨らみ続けている。

「負担減を」声上げる業界

「私どもとしては、例えば有限責任化、あるいは免責事項を明確化する、一般負担金という形での今後の負担のあり方……そうしたことについて、国と事業者の負担のバランスとか、ご検討いただけないかと考えている」

15年6月9日、電力自由化を議題とした参議院経済産業委員会。電気事業連合会会長（関西電力社長）の八木誠（66）は、電力業界として原賠法の見直しへの要望を率直に語った。今の原賠制度では電力会社の責任が「厳しすぎる」というのだ。

原子力利用の重要事項を決める内閣府の原子力委員会の専門部会で、見直しの議論が始まっていた（49頁参照）。16年4月には電力小売りの全面自由化が始まる。かかった費用に利益を上乗せして電気料金を決める「総括原価方式」は20年以降になくなる見通しで、電力大手を取り巻く環境は厳しくなる。

近畿圏を地盤とする業界２番手の関電でも、経営の規模は東電の２分の１程度。福島のような原発事故を起こせば、巨額賠償に耐える「体力」はない。

11年にできた支援機構法の付則には、賠償の実施状況などを踏まえた見直し規定がある。国費（税金）の投入に道筋を付けたい経産省がもぐり込ませた。原子力委での見直し議論は、今からほぼ４年半前の「仕掛け」に沿ったものだ。

一連の動きに、日本弁護士連合会は15年７月、政府に意見書を出した。電力会社の責任を「有限」にする案について、「被害救済を図れなくするとともに、原子力事業者のモラルハザード（倫理の欠如）をもたらし、ひいては原発事故防止のための対策がおろそかになる」などと批判した。

原発事故を起こしても電力会社はつぶさないという枠組みは、どんなに大きな事故でも、賠償など事故の対応費用を、国民と電気利用者が際限なく面倒を見るということを意味する。国策として原発を進めた国の責任も正面から問われないまま、見直しの議論が粛々と進む。

（記事から）

3　廃炉、賠償で国民の負担増へ

２０１６年の年初に「電力を問う　原発事故5年」を書き上げて後、やはり東電の福島原発の事故対応費用が従来の想定では足りないことが明らかになっていった。にわかに経産省が慌ただしい動きを見せるようになり、私も前線取材を手伝うことになった。

それで当時、分かった状況を、同僚の米谷陽一記者との連名で、16年11月18日朝刊にまとめた。見出しは「廃炉・賠償、国民の負担増　原発費用さらに8・3兆円、経産省議論」。以下、抜粋する。

従来の11兆円では不足

東京電力福島第一原発の事故などで新たに発生する廃炉や賠償費を賄うため、「追加請求書」が広く国民に回ってきそうだ。経済産業省の会議が、電気代に含まれる送電線の使用料に上乗せする案を議論している。どういうお金を、誰に負ってもらおうとしているのか。

福島事故の廃炉や賠償費の増加について、東京電力ホールディングスの数土文夫会長が

「今のところ見えていない」と国に助けを求めたのは7月下旬。これを受け、経産省は2つの有識者会議を立ち上げた。「電力システム改革貫徹のための政策小委員会（貫徹委）」と「東京電力改革・1F（福島第一原発）問題委員会（東電委）」だ。

東電はこれまで、福島事故の廃炉に2兆円、賠償や除染に9兆円かかるとしてきた。上限なく賠償などにあたることにはなっているが、従来の業界の備えが不十分だったため、費用は東電に加えて全国から電気代の一部として集めたり、東電の利益の一部を充てたりする仕組みができた。

だが、廃炉作業や賠償が進み、それでは足りないことが見えてきた。経産省の内部資料によると、今の段階で廃炉費で4兆円、賠償費で3兆円が追

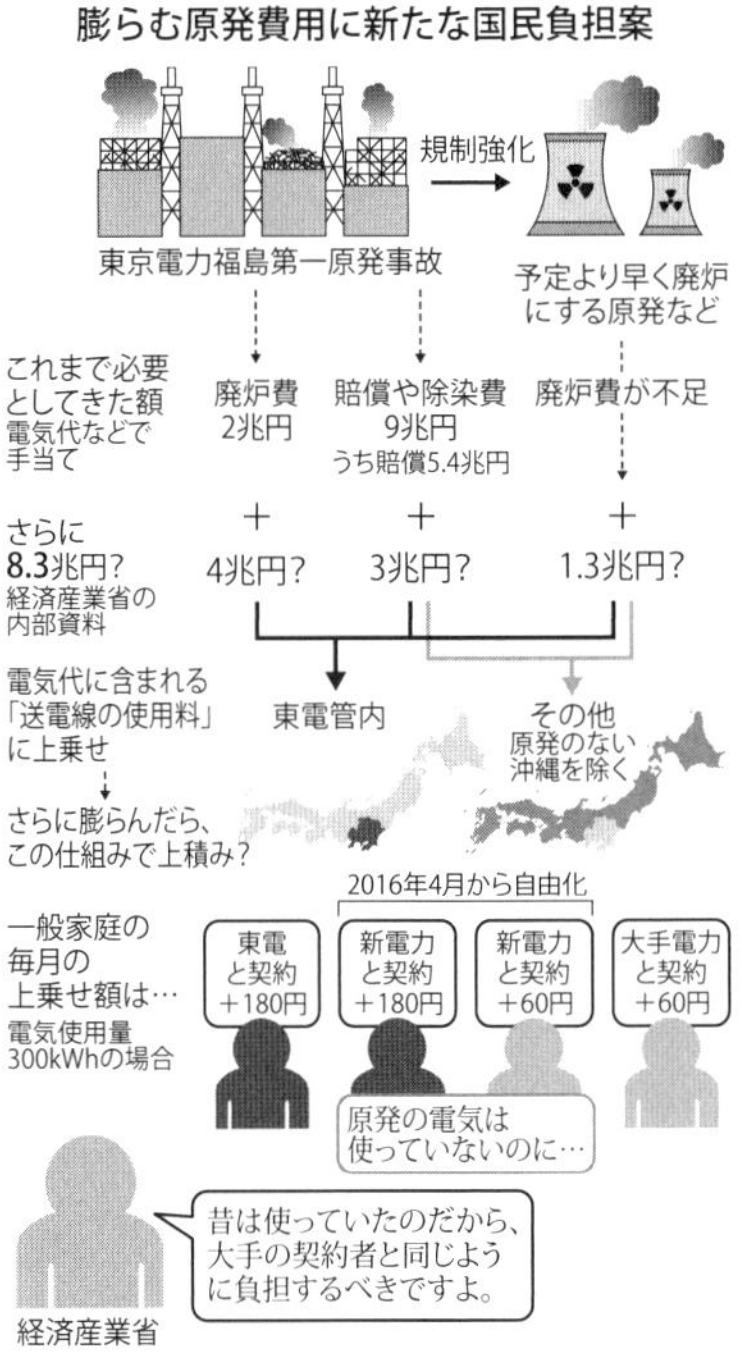

加で必要になりそうだ。

他方、福島事故後に原発の安全規制などが強化された。全国の原発で、対策費の高さが見合わずに予定より早い廃炉を決める例が出てきた。通常の廃炉費は運転中に電気代で集めて積み立てるルールだが、短縮すると集めきれない。解体費が従来の想定を上回ることも分かった。内部資料は、その不足分が計1・3兆円になるとしている。

計8・3兆円をどう賄うか。4月の電力小売り全面自由化で新電力が参入し、家庭などの会社から電気を買うか選べるようになった。今の仕組みでは、新電力に乗り換えた人は負担しなくて済む。そこで経産省が着目したのが、電気を使う人は例外なく負担する「託送料金」だった。

上乗せ、新電力も

託送料金とは発電所と家などをつなぐ「送電線の使用料」だ。一般家庭の電気代の3割ほどを占める。安定供給のため、自由化後も送電は大手電力の独占が認められた。託送料金は経産省が認可する。そこに新たな原発費用を上乗せすれば、新電力の利用者も含めて回収できる。

追加負担について、経産省資料は東電管内の一般家庭で月180円、それ以外は月60円と試算する。貫徹委で「なぜ新電力の利用者も払うのか」との疑問が出たが、経産省は「昔は原発の電気を使っていたから」と説明する。

いったん仕組みができあがると、また「想定外」が生じたら上乗せされる懸念もある。会議で松村敏弘・東大教授は「困ったら『すべて託送料金に押し付ければいいや』となり、青天井に増える事態が恐ろしい」と指摘した。

ただ、経産省内にも、福島事故の追加費用を託送料金に乗せる案は「まず東電に費用を賄う努力をさせてからでないと、世間の理解が得られない」といった声が根強い。

そうした流れで、経産省は東電の送配電子会社がコスト削減で生んだ利益などを積み立て、廃炉費に充てる案を両委に示した。

「これで費用の捻出に、東電自身の努力を反映できるようになる」（経産省幹部）として、託送料金への安易な上乗せ批判をかわせると踏んだ。だが、複雑な仕組みであるばかりか、捻出できる費用にも限界があるとの見方がある。

（記事から）

結局、どうなったか。朝日新聞は16年12月17日の朝刊記事で、事実上、追加負担の割り振りなどが決まったことを報じた。見出しは「電気代に転嫁、了承　原発事故対策費、追加負担分　有識者会議」。これも私と同僚の米谷陽一記者の連名記事だ。以下、転載する。

国民に「ツケ回し」

経済産業省の有識者会議は12月16日、東京電力福島第一原発事故の新たな費用負担案と、それに伴う「電力システム改革」の見直し案をまとめた。10・5兆円もの追加負担は、送電線の使用料である「託送料金」に上乗せするなどして主に電気利用者から集める。事実上、負担増を国民に「ツケ回し」する内容だ。

同省の「電力システム改革貫徹のための政策小委員会」（委員長＝山内弘隆・一橋大学大学院教授）がまとめた。近く、パブリックコメントで意見を募集する。

事故対策費は、これまで想定していた11兆円から21・5兆円に膨らんだ。増加分の約8割となる8・7兆円は、事故の当事者である東電に割り振られたが、賠償費用の増加分2・5兆円の約半分は、東電以外の大手電力と新電力に回された。

この賠償費用の増加分は2020年から40年かけて託送料金に上乗せし、全国の家庭や企業から集める。標準的な家庭で月額18円の負担増になるという。

有識者会議は、全国の電気利用者に広く負担増を求める理由として「原発の電気を使ってきた以上、事故対策の増加分を分かち合うのはやむを得ない」とする。こうした負担増を東電以外の事業者に納得してもらうため、大手電力や新電力向けの「優遇措置」も新たに導入する。

具体的には、大手電力が原発の廃炉に必要な費用を託送料金に上乗せして集められるようにする。さらに、新電力が販売用の電力を十分確保できるように、大手電力が持つ石炭火力や水力などの安定した電源の電力を販売する「ベースロード電源市場」も設ける方針だ。

事故費用の総額と追加負担

数字は兆円。国の廃炉の研究開発では、2016年度補正予算までの累計で0.2兆円ある

	従来の想定額	今回の想定額	増額分負担の内訳：東電	大手電力	新電力	国	
廃炉・汚染水	2.0	8.0	6.0	―	―	―	計 6.0
賠償	5.4	7.9	1.2	1.0	0.24	―	計 2.5
除染	2.5	4.0	1.5	―	―	―	計 1.5
中間貯蔵	1.1	1.6	―	―	―	0.5	計 0.5
事故費用総額	11.0	21.5	8.7	1.0	0.24	0.5	計 10.5

こうした方針に、自前の電源を持たない新電力のなかには「負担増より安い電源を確保できるメリットが大きい」と評価する声もある。一方で、太陽光や風力など再生可能エネルギーを中心に売る新電力は「脱原発のために切り替えた利用者も負担増となり、納得できない」と反発する。

福島第一原発の廃炉費は東電が送配電子会社の合理化などによる利益を積み立

てて、30年かけて返す。本来は値下げに回すことが求められるが、特例を設ける。東電管内の電気料金は高止まりすることになる。（記事から）

4　21・5兆円割り振り 短期決着

この間の追加負担を割り振る裏側の決定過程を追ったのが、２０１７年４月の連載「電力を問う『改革』の行方」の２回目「原発事故の費用負担」だ。主見出しは「21・５兆円割り振り 短期決着」だった。次のように取りまとめた。

（掲載は17年４月９日「電力を問う『改革』の行方②」）

頼った「額賀調査会」

２０１１年の東京電力福島第一原発事故のあと、膨らみ続ける賠償や除染、廃炉などの対応費を誰が、どう負担していくのか。16年夏から暮れにかけて繰り広げられた政府・与党の追加負担論議で、経済産業省は自民党の有力議員を頼みに、一気に枠組みをまとめあげた。

16年10月20日午前9時。自民党本部の会議室で「原子力政策・需給問題等調査会」が開かれた。資源エネルギー庁長官の日下部《くさかべ》聡《さとし》（57）ら、経産省幹部が顔をそろえた。マスコミの傍聴は認めなかった。

「久々の開催となる会議では、電力システム改革や福島第一原発の廃炉、東電問題を議論する」

調査会の会長である元財務相の額賀《ぬかが》福志郎《ふくしろう》（73）が宣言した。額賀は党の東日本大震災復興加速化本部長を務め、地元の茨城県には原子力施設が集積する。会議は通称「額賀調査会」と呼ばれ、関係業界では「電力・ガス政策の事実上の最高意思決定機関」と見なされていた。

これに先立つ9月末、経産省は有識者会議を立ち上げ、追加負担の議論を始めたが、関係者は額賀調査会の動向に目をこらした。負担を求められる大手電力や新電力などの調整が図られると見られたからだ。額賀調査会は12月上旬に事実上決着するまで、11月1回、12月2回と計4回、負担問題を議論している。

経産省の腹案は、福島第一の廃炉や賠償の追加費用を税金ではなく、大手電力の送電網の使用料「託送料金」に上乗せして集めることだった。だが、それは自由化で電力事業に参入したガス会社など、原発と無縁の新電力の契約者にも負担を求めることになる。調査会でも、原発に批判的な議員を中心に反対論が噴出した。

16年12月1日の調査会では「一般の方や新電力に負担のツケ回しをするのはやめてほしい」との意見や、賠償費で事故前に備えておかなかった「過去分」を事後に集めるという理屈はおかしいとの声が出た。経産省は、東電の送配電子会社の合理化で得られた利益を廃炉費用に充てるとの修正案を示したが、批判はやまなかった。

経産根回し、異論置き去り

ところがその8日後、議論はするすると収束してしまう。

16年12月9日午前10時半。調査会の冒頭、額賀は「責任政党である自民党として結論を出していきたい」ときっぱりと言った。

経産省はこのとき、事故対応費が従来の11兆円から21・5兆円になると記した資料を初めて配布。エネ庁長官の日下部は「東電が16兆円、大手電力が4兆円、国が2兆円、新電力が0・2兆円という費用分担を提案させていただく。ご審議をよろしくお願いしたい」と説明した。

脱原発を掲げる前消費者相の河野太郎(54)は「やっと数字が出てきたので議論を始められる」としつつ、「東電の合理化分は消費者に還元すべきだ」などと批判した。

東電が合理化すればその分、料金を下げるのが筋だという主張だ。日下部が言う16兆円の東電負担にはその合理化分や、本来国庫に戻すべき株式売却益も含まれていた。

やはり脱原発を唱える衆院議員の秋本真利《まさとし》（41）も「（追加の）賠償費用を、国会審議を必要としない託送料で回収することには反対。税や賦課金で対応すべきだ」と続いた。

だが、こうした意見は少数にとどまり、容認する意見が続いた。経産省の根回しの成果

原発事故費用の負担をめぐる自民党内の発言

・廃炉は東電が対応する必要があるが、賠償はオールジャパンでの支援も必要
・新電力も公正に発展していく道筋も考えていかないといけない

額賀福志郎
元財務相

河野太郎
前消費者相

・東電は火力や送電網があるのだから売却して資金をつくるべきだ
・託送料金が勝手に上がるような内容では国会で議論できない

福島第一原発の事故費用と負担の内訳

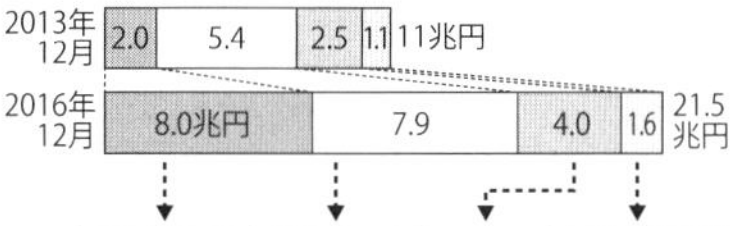

	廃炉や汚染水の処理	住民らへの損害賠償	除染	中間貯蔵施設（汚染土などを保管）
誰が払う？	東京電力	新電力を含む全国の電力会社（沖縄除く）	国	国
実質は…	東電管内の電気利用者	全国の電気利用者など	国民	全国の電気利用者
負担の手法	子会社の合理化益（電気料金の値下げに回さない）	電気料金に上乗せなど	保有する東電株の売却益	電源開発促進税（電気料金に上乗せ）

1世帯あたりで見ると

現在 月平均50円 ＋ **2020〜60年** 月平均18円 （電力使用量が月260kWhの場合のイメージ）

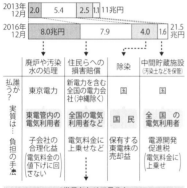

だった。

開始から約1時間半後、額賀が口を開いた。「廃炉は東電が合理化してやっていくことが重要だ。賠償は上限を決め、新電力も協力しようと思えるように配慮する」。経産省案にお墨付きを与えて締めくくった。

従来より10兆円も増えた負担の配分をめぐる与党内の議論が、わずか1カ月半で決着した。かかわった経産省幹部はつぶやく。「額賀先生には、足を向けて寝られないです」


額賀調査会のとりまとめから3時間あまり経った午後3時半。東京・霞が関の経産省地下2階の講堂で有識者会議が始まった。委員に配られた「中間とりまとめ」案は、額賀の締めくくり発言を清書したような内容だった。

ただ一人、消費者を代表する委員の大石美奈子(60)は「実際に事故が起こって賠償、除染、廃炉の費用がますますかかる。原子力は安いと言えるのか疑問だ」などと訴えたが、無視された。

経産省は1カ月間、案についてパブリックコメントを集めた。寄せられたのは1412件。「廃炉・賠償費用を含めても原発が低コストであるならば当然、事業者負担とすべきだ」「将来世代にまで負担させてはならない」……。

意見を受け、経産省は案に修正を加えたが、脚注で用語説明を補うといった小幅な手直しにとどめた。

「大甘試算」の見方も

福島第一原発事故で必要になる費用は、経産省の示した21・5兆円で収まるのか。

「事故処理費用は50兆～70兆円になる恐れ」。日本経済研究センターは先月（17年３月）、そんなタイトルのリポートを発表した。

汚染土などは中間貯蔵施設への搬入後、30年以内に県外で最終処分されることになっているが、その費用が低レベル放射性廃棄物並みの処理単価で試算しても30兆円にのぼる。廃炉・汚染水処理でも32兆円になるケースもありうる、とした。経産省の数字は「大甘」というのだ。

リポートは電源別の発電コストも試算している。原発の事故費用の増大や最近の資源価格などを考慮すると、１キロワット時あたりの発電単価は原子力が14・７円で、石炭火力の11・９円、液化天然ガス火力の８・４円を大きく上回った。

リポートの執筆にかかわった長崎大学・核兵器廃絶研究センター長の鈴木達治郎《たつじろう》（66）は言う。「原発の経済性は既存のものも含めて極めて不透明になっている。原発に対する

疑問が出てくるのは無理もない」　（記事から）

この記事には、同僚の米谷陽一記者が鋭い論評を付けた。以下、転載する。

国民の視点欠いた議論

21・5兆円に膨らんだ事故対応費をどう負担するか。私たちに痛みを強いる重いテーマなのに、短期間の議論で決着した。

経産省は、肝心の事故対応費の総額を最終盤まで示さないまま、自ら描いたシナリオに沿って国民負担の割り振りを決め、制度づくりを着々と進めた。

賠償費を託送料金に上乗せして広くお金を集める仕組みは、原発を持たない新電力とその契約者にも原発のコストを押し付ける。しかも、省令改正で対応できるため、増税するときのような国会のチェックは働きにくい。

廃炉作業は難航が予想される。費用は今後も増える可能性が高く、十分な説明がないまま負担がどんどん膨らむ危険性をはらむ。国民の視点を欠いた議論は、認めるわけにはいかない。

5　経営トップ人事 生え抜き「完敗」

こうして経産省は、追加負担の分担を決めたうえで、東電ホールディングスの人事刷新に動く。

朝日新聞を含め大手報道機関は2017年3月下旬、数土文夫会長の後任に日立製作所名誉会長の川村隆氏（77）、広瀬直己社長の後任に東電取締役の小早川《こばやかわ》智明《ともあき》氏（53）が就く人事が固まったと報じる。

裏には壮絶な権力闘争があった。前述の米谷記者に加え、経産省記者クラブ詰めになった笹井継夫記者も熱心に取材、その実情をつかんでくれた。それをまとめたのが、連載「電力を問う『改革』の行方」の3回目（17年4月16日）だ。主見出しは、「東電、国との暗闘トップ人事、生え抜き『完敗』」。こんな内容だ。

国との暗闘

東京電力ホールディングス（HD）の経営トップ交代の一報は、業界に衝撃を与えた。福島第一原発事故のあと、実質国有化されてから5年近くが過ぎたところで、国と東電生え抜きの一部経営陣との間の深刻な路線対立が浮き彫りになったからだ。

4月3日、東京・内幸町の東電本店で開かれた経営トップの交代の記者会見。6月に退任する会長の数土文夫、その後任となる日立製作所名誉会長の川村隆、社長を退任して副会長に就く広瀬直己、後任社長に就く取締役・小早川智明の4人が並んだ。1時間を超える会見は、とげとげしい雰囲気が続いた。

福島に頻繁に足を運び、社員の信頼が厚い広瀬が取締役を外される一方、必ずしも社長候補と目されていなかった小早川が抜擢《ばってき》された。要求の厳しい数土が退くとはいえ、後任会長は生え抜きでなく、再び外部から招く。リーマン・ショックで落ち込んだ日立の業績を立て直した川村は会見で「福島の責任を全うするため、きちんとお金を稼いでいく」と表明。数土路線を継承する考えを示した。

「完敗だ」。東電社内からそんな声が漏れた。

「守旧派」一掃へ

原発事故後の2012年7月、東電は経済産業省が主導する原子力損害賠償支援機構（今の原子力損害賠償・廃炉等支援機構）の出資を受けた。今回の人事が株式の過半を握る機構＝経産省の意向を色濃く反映したのは明らかだった。

ここ1、2年、数土と広瀬の間の「溝」は埋めがたいものになっていた。数土らは賠償などの事故対応費用を賄うため、東電を分社化したり、機能別に再編したりすることで、収益力や企業価値を高めようと苦心してきた。それは経産省の方針そのものだった。

数土は14年4月、経産省の「三顧の礼」で迎えられた。JFEホールディングスを率い、厳しい国際競争を戦ってきた経験を踏まえ、東電社員に容赦ないコスト削減を要求。社内では北朝鮮の強権的な指導者になぞらえ、「スドジョンイル」と呼ばれた。

次第に社内で「従来の経営の『全否定』には付いていけない」との不満が強まった。脱国有化に向け、経営方針を自ら決める「自律的経営」に移行したい――。そんな社員の思いを束ねていたのが広瀬だった。

東京電力ホールディングスのトップ交代

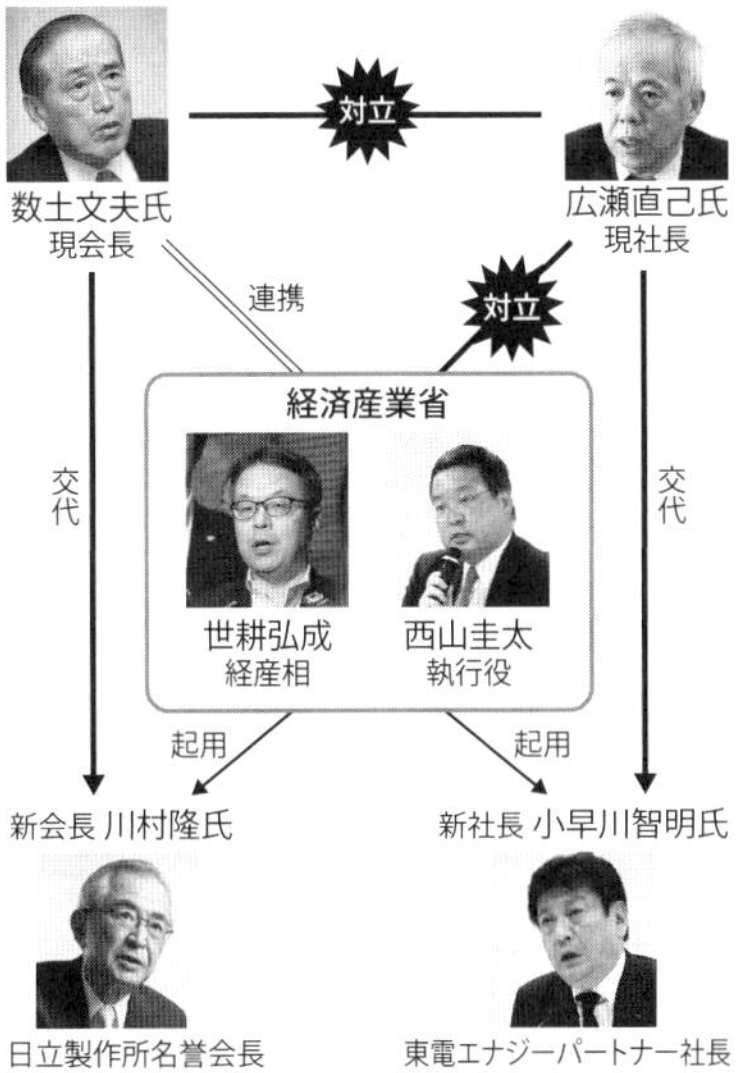

しかし、16年末、廃炉などに必要な追加の事故費用が10兆円以上になり、経産省が中心になってその負担の割り振り策をまとめた。

交代会見で、数土は冷たく言った。「実力もないのに『自律的』と言うよりも、政府に検討していただいて仕切り直しをやろうと。それが新経営陣のベースになっている」

一方、広瀬の言葉には悔しさがにじんでいた。「自律的経営を目指してやってきたわけですけれど、事故の大きさを、改めて認識しています」

営業畑から起用

きな臭い動きは1年ほど前にもあった。まず、数土が「広瀬更迭《こうてつ》」に動いたという。しかし、そのときは東電の生え抜き組の巻き返しにあい、見送りになった。

その後、今度は生え抜き組が「広瀬続投」を政治家などに働きかけていることを経産省が察知。元会長の勝俣恒久ら、社内外に今なお影響力を持つ「守旧派」の意向も見え隠れした。

ある業界幹部はこう見る。「広瀬社長が不幸だったのは、勝俣元会長をはじめとする守旧派の期待をも背負ってしまったことだ」

経産省は手を打った。昨年（16年）秋からの東電改革の有識者会議で川村ら有力財界人に人事刷新への後押しを得た。年末にまとめた提言には「次世代への早期権限移譲」との文言を盛り込んだ。経産相の世耕弘成も動いた。

新しい人事を決めた17年3月31日の東電の指名委員会。関係者によると、その委員でもある広瀬は、自身の後任に小早川の名が挙がったことについて「福島や原子力の経験がない」などと疑問を口にしたという。

だが、社外取締役らでつくる指名委の委員の多くは、東電では主流とは言えない営業畑出身の小早川こそ電力自由化時代にふさわしい経営者だと考えた。外堀は埋められていた。

小早川の起用について関係者の一人は「永田町や霞が関でなく本来のお客と向き合うという意味で、古い東電の価値観から変わるという宣言だ」と解説した。

「脱国有化」を先延ばし

指名委員会に先立つ約1週間前、東電の新しい再建計画*の骨子が発表された。脱国有化を願う生え抜き組らの思いにも「くさび」を打ち込むものだった。作成者は東電IIDと機構の連名だが、経産官僚らが主導したのは明らかだった。

国に14年初めに認められた前回計画では、16年度末の段階で、国の出資を半分以下にして役員の派遣を終えるなどの自律的な運営体制への移行に向けて経営評価をすると書かれていた。

それが今回の骨子では、自律的な運営体制の「可能性」について19年度に国と協議していく、とされた。脱国有化への歩みを明確に先延ばしにした。その計画の中身も、経産省・機構が東電に有無を言わせず「こう動け」と迫るものだった。コスト削減や利益率の達成は「機構と協議のうえ国に報告し、レビューを受ける」とされ、原子力や送配電事業は「他電力との共同事業体設立」の検討が入れられた。

骨子について記者たちに説明したのは経産省出身で、機構側で東電との橋渡しをする「連絡調整室長」の西山圭太（54）。今回のトップ人事でも水面下で動いていた。

若いころ、電力自由化に携わった西山は14年7月、数土を補佐する執行役として東電に送り込まれ、15年6月に取締役に。同年10月に東電幹部に対し、勝俣ら原発事故時の経営陣との接触を禁じる通達を出し、社員らを驚かせた。

賠償や廃炉などの福島への「責任」を果たすために電力自由化の「競争」を勝ち抜く、という路線を敷いた経産省通商政策局長・嶋田隆（現・経産事務次官）の後任だ。

官僚の関与が強まる巨大企業はどこへ向かうのか。西山は周囲に語る。「東電のDNAを変えないといけない」。

だが、社員からは不安の声が上がる。「小早川さんは経産省寄りだ」「広瀬さんという求心力もなくし、社員の気持ちはばらばらになる」
　前例のない実験が続く。

＊東電の新しい再建計画：東電ホールディングスと原子力損害賠償・廃炉等支援機構が共同で作成する再建プラン。今策定中の計画は「新々・総合特別事業計画」（新々総特）という名で、原発事故後4度目のもの。3月末に骨子が発表された。事故費用の増大を賄うため、業界再編などを通じて「稼ぐ」会社にすることが柱で、原発再稼働などの課題も含まれる。

（記事から）

　この記事には、執筆にかかわった笹井継夫記者が論評を付けた。秀逸だと思う。以下、転載する。

「国民負担、最小化を」

「絵に描いた餅」に終わらないか。東電が発表した再建計画の骨子の内容だ。原発事故の対応費用を捻出するため、高い数値目標が並ぶ。経産省が東電人事を刷新したのも、計画達成が難しいことの裏返しだ。
　東電は「福島への責任」を果たすために合理化努力を続けてきたが、事故対応費用が

21・5兆円に増え、これまで以上の改革が求められている。企業体質の変革も道半ばだ。新経営陣は重い課題を背負って出発することになる。

「国策民営」で推進した原発政策の失敗の責任は、国にもある。東電改革にかかわる関係者は「いつのまにか、被告席は東電だけになっていた」と指摘する。

計画が達成できなければ、追加の国民負担が生じる。国民が納得できる形で東電と経産省が国民負担を最小化できるのか、注視したい。

第2章では、7年前の福島の原発事故のあと、経産省が進めた賠償費用の負担割り振りや東京電力の実質国有化、経営陣の刷新の動きなどをまとめた。

この経産省のやり方がよかったのかどうか。歴史がいずれ判断を下すだろう。

ただ、この本で確認しておきたいのは、「原子力村」の中心的存在だった東京電力は、もはや以前のような力を失ってしまったことだ。

それもまた、「原子力村」が壊れ始めたことを示す一断面だと私は見ている。

第3章

何が起きたか、どう再生するか

——当事者、被災者に聞く

あの2011年の原発事故のとき、何が起きたのか。そして、再生はこれでいいのか――。

私は東京経済部に所属するため、普段の取材対象は経産省や電力会社など、どうしても経済関係が多くなる。

しかし、原発関係の取材を重ねるなかで、経済部の枠を越えて、事故対応に当たった当事者や被災者らから、もっと幅広く話を聞いてみたいと思うようになった。

それで、事故から丸5年が経った16年の春先から、社内の理解も得て、普段の取材対象を越えて関係者へのインタビューを始めた。

その記事のアウトプットは、社内の「核と人類取材センター」が手がける朝日デジタル「核リポート」というコーナーだった。幸いなことに、私は16年9月、正式に同センター員兼務になったこともあり、「核リポート」への執筆を活発化させた。

この第3章では、その記事のなかから、事故対応の検証や福島の再生のあり方を探ることにつながるものをピックアップして再構成した。

そうするなかで、私自身は、「原子力村」の内向きの論理を改めて思い知った。

タイトルのあとの日付は、朝日新聞デジタルにその記事をアップした日を示す。

なお、インタビュー時の原発をめぐる情勢も伝えるため、原則として内容のアップデートをしていない（肩書も掲載当時）。

1　首都圏避難だったら地獄絵だった——元首相・菅直人氏

（2016年4月27日）

幸運だったとしか思えない——。2011年3月の東京電力福島第一原発の事故対応に追われた菅直人元首相が、朝日新聞記者のインタビューに応じた。1986年に起きた旧ソ連・チェルノブイリ原発事故の惨状を思いつつ、首都圏住民が避難する事態になることを恐れ、自衛隊の注水作業を祈りながら見守ったことなど、事故発生当時の心境を語った。過酷事故に対する備えがなく、必要な情報が迅速に報告されないなか、官邸が対応に苦しんだ状況も明らかにした。「東京の住民まで避難せずにすんだのは、神様のおかげと感じざるをえない」とも述べた。

最悪シナリオは東京も

——事故が拡大するなかで、東京の住民避難も考えたそうですね。

「福島には、第一原発に6基、第二原発に4基と計10基の原子炉があります。事故の当初から、チェルノブイリ原発の事故は1基だけで、あれだけ放射性物質が飛び散ったのだ

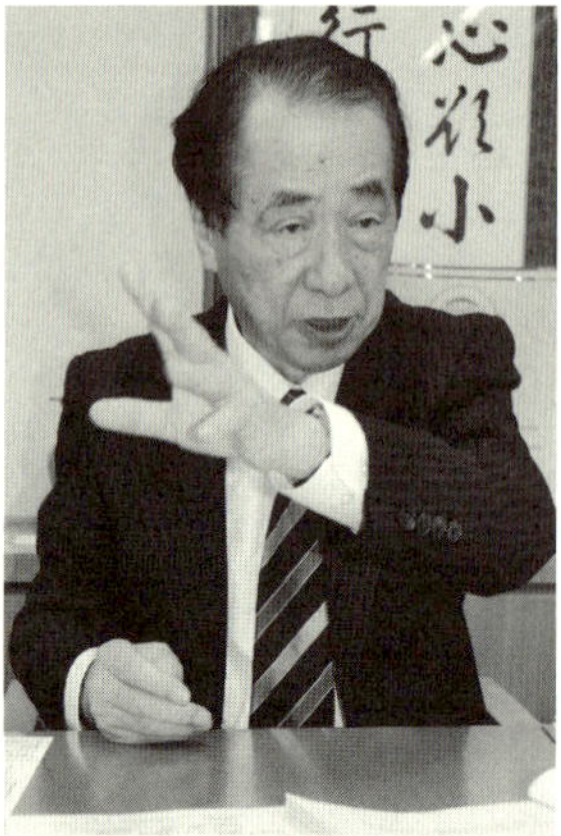

菅直人（かん・なおと）　1946年、山口県宇部市生まれ。東京工業大学卒。故市川房枝さんの参院選事務長などを経て80年に初当選（社民連）。新党さきがけに参加し、96年、厚生相として薬害エイズ問題に取り組む。民主党を結成、政権交代後は国家戦略担当相などを歴任。2010年6月に第94代首相になり、11年9月に退任。17年10月の総選挙で13選（立憲民主党）。著書に『東電福島原発事故 総理大臣として考えたこと』（幻冬舎）など。

から、もし、福島の原子炉のすべてが制御できなくなったら、チェルノブイリの何十倍もの放射性物質が放出されるだろうと。実は早い段階で頭のなかでは、放射性物質が東京まで来るのか、来たらどうするか、と考えていました。しかし、口に出せない。対策がないのに来るかもしれないなんて言えば、それこそ大ごとですから」

「それに近いことを言ったのは11年3月15日です。東電の清水正孝社長を官邸に呼び出すにあたって、周囲に、東電が原発から撤退したら東京が全部ダメになるぞ、という言い方で初めて口にしたんです。そうして、細野豪志《ごうし》補佐官を通じ、原子力委員会の近藤駿介委員長に、最悪のシナリオをシミュレーションしてほしいと頼んだのです」

——その結果は後に報道されますが、事故が拡大すれば東京都を含む半径250キロ圏内の住民が避難対象になるというものでした。

「はい。やはり東京も入っていたので、それほどの大事故なんだ、と改めて確認しました。居住する約5千万人が避難するとなると、地獄絵です」

「神のご加護」と思った

——5年前を思い返すと、みな、事故がなんとか収まってくれないかと祈っていました。

「そうですね。福島の被害は深刻ですが、東京の住民まで避難せずにすんだのは、神様のおかげと私は感じざるをえません。事故の対処に人間も頑張ったけど、『頑張った』の積み重ねだけで止まったとは思えないのです。政治家としては使ってはいけない言葉でしょうが、正直、あのときだけは、『神のご加護だ』と思いました」

——確かに例えば2号機の格納容器の15日の圧力急低下の原因は分かっていません。

「最近も東電に聞くのですが、はっきりしません。もし、2号機の格納容器全体が、ゴム風船がパンクするように壊れたら、もう人間は近づけず、対応できなくなる。つまり『終わり』です。ところが、どこかに穴があいたらしい。1、3、4号機も原子炉建屋《たてや》は水素爆発しましたが、格納容器は大破しなかった。福島は重い被害を受けましたが、日本全体として見れば助かった。それは幸運だったという以外、総括しようがないんです」

——過酷事故に対する備えもできていなかった。

「自衛隊は原発の過酷事故を想定した訓練をしていないし、装備もなかったのです。17日の3号機への自衛隊のヘリコプターによる注水作業は、私もテレビ中継を『成功してくれ』と祈りながら見ていました。前日は上空の線量が高くて注水できず、この日は、床に放射線を遮る金属板を付け、本当に命がけでやってくれたんです」

「そのときも、チェルノブイリのことが頭にありました。出動した軍の兵士が急性被曝《ひばく》で亡くなっています。自衛隊幹部が『国民の生命と財産を守るのが仕事ですから、ご指示があればやります』と言ってくれたとき、ありがたいと思ったのを、はっきりと覚えています」

伝わらなかった情報

——ところで東電は16年2月、核燃料が溶け落ちる炉心溶融（メルトダウン）を判定する基準が当時の社内マニュアルに記されていたものの、その存在に5年間気付かなかったと発表しました。

「事故の検証を続ける新潟県の技術委員会の『求め』があって出てきましたね。私もその資料をインターネットでダウンロードして点検してみたのですが、3月11日の17時15分という地震発生から約2時間半という早い時点で、1号機の核燃料が約1時間後にむき出しになることが予測されていました」

「そのこと自体は、政府の事故調査委員会の中間報告にも出ています。ただ、各方面に確認してみると、この情報は予測された時点では、政府や福島県に報告されていなかったのです。もし、あの時点で政府がこの情報をつかんでいれば、後に出す避難指示を、より早く広く出せていたかもしれないと思うのです*」

*東京電力の広瀬直己社長は16年４月19日、衆議院環境委員会で、菅直人元首相の質問に対して「17時15分の３分前に、福島第一は大変重篤な事態に陥っておりましたので、原災法（原子力災害対策特別措置法）第15条の報告を行っております。原子力緊急事態宣言あるいは住民避難の指示につながる極めて重要な報告でございます」と述べたうえで、１号機の約１時間後の炉心露出という予測については「保安院に正式に伝えた記録は残っておりませんけれども、事態に対して職員たちはしっかりとした行動をとったというふうには考えております」などと説明した。

――翌12日の1号機の水素爆発（15時36分）も官邸に伝わっていなかった。

「日本テレビが16時50分ごろに全国放送し、私もその映像を見て、知ったのです。爆発から1時間以上経っていました。いったい、どうなっているんだ、と。原子炉がどの程度、危険かというのは、住民の避難と表裏一体の関係にあります。法的に事故対応は電力会社になりますが、住民避難は政府の仕事です。それなのに、事故の状態が伝わってこなかったのです」

――そうしたことがあって15日、政府と東電の統合対策本部をつくることになる。

「そうです。情報が来ないんですから。同じモノを見て、統一して判断する形にしなければいけないと考えました。ただ、前例がありません。法的に可能か調べると、原子力災害対策特別措置法で、緊急事態への応急対策として、対策本部長の総理には原子力事業者に必要な指示をすることができる、とあった。それで官邸に来た東電の清水社長に統合対策本部をつくりたいがどうか、と聞くと、『分かりました』と。では、そちらの本店に行くからと、OKを取ったんです」

「後に、原子力安全・保安院の院長がマスコミの取材に、『もっと早く東電に行けばよかった』と発言していました。役人というものは、常に（民間事業者を）呼び付ける側にいる、自ら出向くことがないんですね。実際、15日、東電本店に行くと、（福島第一原発とつなぐ）テレビ会議システムがあるのを見て、びっくりしました。それさえ、東電本店に行かなければ分からなかったことなのです」

原発なくなると楽観

――その後、浜岡原発（静岡県）の停止要請に始まって、ストレステストなど原発再稼働に高いハードルを設けます。

「経産省はあのころ、原発を維持するという固い決意で対応していたように私には見えました。私が中部電力に浜岡原発の停止を要請し、それが受け入れられると、経産省は今度は玄海原発（佐賀県）の再稼働の手続きに入るんです。私は経産相に電話で聞きました。『再稼働はどういう手続きで決めるのか』と。答えは、『それは保安院の判断で認めることができます』と言うのです。いくら法律がそうなっていても、あの事故を防げなかった保安院だけの判断でよいというのは、国民が納得しないと考えました」

「そこで再稼働にあたっては、保安院だけでなく、ストレステストの実施、原子力安全委員会の関与と地元の同意、そして最後は総理をふくむ関係閣僚4人で判断する、という4つを、菅内閣の暫定的な再稼働の条件にしました。その後、この条件は原子力規制委員会の設置などによりなくなりますが、あの決定が、今日まで、なかなか再稼働できないという状況につながっています。あのとき、私は、『原子力村』の虎の尾というか、頭を踏んでしまったのかもしれませんね」

——首相在任中から、脱原発への決意を固めたのですか。

「原発の安全に対する考えが180度、変わりました。福島の事故までは、当時のソ連と違って、日本ではチェルノブイリのような事故は起きるはずがないと、私もどこかで安全神話に染まっていました。旧ソ連の指導者ゴルバチョフ氏の厚い回想録に、『われわれは30年間、原発は安全だと聞かされてきた』と会議で語るくだりがあります。日本もまったく同じ間違いをしていたんですね。それが福島の事故を経験し、私も、完璧に安全な原発はつくれないと考えるようになりました」

「考えてください、再び、あのような事故が起きたとき、『神のご加護』が同じようにあると思いますか。私にはそうは思えないのです」

——しかし、今の安倍政権は、原発再稼働路線を着々と進めています。

「私は、すでに勝負は付いていると思っています。仮に（新しい）原発を10年かけて建てたとしましょう、で、40年運転する、と。さて、50年後、電源別の発電単価はどうなっているでしょう。再生可能エネルギーのほうが断然安くなっているのは間違いない。そんな原発の建設に必要な民間資金が集まりますか？ 国内の世論を見ても、脱原発が6～7割を占めます。司法もそれを無視できません。だから私は長期的には原発はなくなると楽観しているのです」

2　なぜ「伝家の宝刀」を使わなかったのか——元四国電力社員・松野元《げん》氏

（2016年9月30日）

5年前の東京電力福島第一原発事故の原因がいまだに特定できていないのに、原発の再稼働を進めていいのか——。元四国電力社員の松野元さんは、16年に出版した『推論トリプルメルトダウン』（創英社／三省堂書店）で、事故原因をめぐる数々の「疑問」から警鐘を鳴らした。本の副題は「原子炉主任技術者が福島第一原発の事故原因を探る」。原子力防災の専門家として、3基（トリプル）の原子炉がメルトダウン（炉心溶融）するなかで、なぜ緊急炉心冷却システム（ECCS）を起動しなかったのかを追究している。何が見えてきたのか。松野さんに聞いた。

事故の解明不十分

——原子力防災の専門家からしても、再稼働は危ういと？

「私は、あと数十年、再稼働を認めることはないだろうと考えていました。なぜなら、福島第一原発事故の原因が特定され、それを踏まえた対策が取られて初めて再稼働できる

松野元（まつの・げん）1945年生まれ。東京大学工学部卒。四国電力に入社後、火力発電所や伊方原発に勤務。原子力防災対策を進めていた経産省の関連団体「原子力発電技術機構」に出向し、事故の進展を予測する緊急時対策支援システム（ERSS）の実用化を担当した。経産省の原子力防災専門官の指導にもあたった。2004年に四国電力を退社。07年出版の『原子力防災――原子力リスクすべてと正しく向き合うために』（創英社／三省堂書店）は、ジャーナリスト・鳥賀陽弘道《うがやひろみち》氏が「福島第一原発事故で現実になる甚大事故の過程を正確に予言した」などと評価し、広く知られることになった。

と思っていたからです。でなければ次の事故を防げません。なのに、そうした作業をなおざりにしたまま、再稼働の動きが速まっています。ブレーキのないバスが走り出してしまったような感覚です。これではいけない、と思ったことが、この本の執筆動機です」

「とくに国会や政府の事故調査委員会の報告書は、なぜ事故にいたったのか、なぜ事故が拡大したのか、肝心のプロセス（過程）の解明が不十分でした。それは私のような専門家が、疑問を持って関係者に聞いていないからです。そうした面からも、まずいと思ったのです」

「ところが、調べ始めて驚いたのは、事故にかかわる重要な記録、データ、そして議事録が残っていなかったのです。誰かが大事な部分を、ごっそり消去してしまったという感じです。それで、やむなく、公表データなどをベースにしつつ、私なりに疑問点を整理し、事故原因に迫ろうと推理を重ねました」

起動しなかったECCS

――とりわけ事故の原因に絡んで、大量の冷却水を一気に注入する緊急炉心冷却システム（ECCS）を起動しなかった点を、ご著書は丹念に考証されています。

「津波が来る前にECCSを起動しなかったことが事故原因を探る最大のカギです。ECCSこそ、原子炉を冷却する『伝家の宝刀』です。例えて言えば、ECCSは将棋の飛車や角に当たります。原子炉隔離時冷却系（RCIC）の性能はその10分の1で、時間稼ぎしかできません。非常用復水器（IC）にいたっては、野球の控えの選手のようなものです。なぜ、ECCSを早く起動しなかったのか大きな疑問です。津波が来る前なら、ECCSを起動させる直流電源があったのです」

「国内のECCSの作動例を調べると、過去に5件あります。うち2件は東電福島第一原発の2号機で、ECCSの主力である高圧注水系（HPCI）が1981年と92年の2度、動いています。このときはRCICも同時に動いています。これが外部電源が喪失して緊急停止したときの、世界の標準的な対処方法だと思います。ところが、東電は肝心の２０１１年３月11日の福島第一原発事故のとき、このＨＰＣＩを動かしていないのです」

「福島の原発事故時の炉心冷却の対応を整理すると、１号機はＩＣが自動起動しただけで、ＨＰＣＩは動かしていません。２号機はＲＣＩＣを運転員が手動起動しましたが、ＨＰＣＩは動かしていません。３号機はＲＣＩＣを手動起動した後、３月12日昼になって、ＨＰＣＩがようやく自動起動するのですが、タイミングが遅く運転が不安定で運転員が停止させました。こんな状況で、冷却機能はまったく不十分でした」

長時間の電源喪失想定せず

――この「疑問」に絡んでですが、ご著書は１９９３年、原子力安全委員会の作業部会が打ち出した「30分程度の全交流電源喪失に備えればよい」とするルールに注目していますね。

「原子力の世界にそんな『30分ルール』はありません。考えてはいけない『禁じ手』です。これが根拠になって、福島第一原発事故の際、ＥＣＣＳを起動しなかったのではと私は疑っています。日本は技術力が世界一で停電がすぐ収まるので大丈夫だ、と。これが国会事故調の言う『人災』の始まりだったのでは、と私には思えるのです。なにやら、連戦連勝におごって大敗を喫した70年余り前のミッドウェー海戦のような話です」

「気になるのは、『30分ルール』が定まったのが93年ということです。そのとき、東電の規制当局への働きかけがあったのではないでしょうか。＊先ほど、福島第一原発２号機でＥＣＣＳが81年と92年の２度、作動したと言いましたが、東電はこれを『誤作動』と認識してしまった可能性があると私は見ています。ＥＣＣＳであるＨＰＣＩは大量の水で原子炉を冷やすので、動かせば炉の寿命を縮めることになります。誰だって『誤作動』による起動は避けたいはずです」

＊２０１２年７月公表の政府事故調査・検証委員会の報告書などによると、原子力安全委員会の事務局は１９９２年10月、「『30分程度』で問題ない理由を作文してください」と東電と関西電力に依頼。東電は同年11月、「適切なマネジメント操作が実施されれば、十分な安全性が確保されるものとなることを示している」と回答していた。

悪しき成功体験？

――福島第一原発事故の９カ月前の２０１０年６月17日のことになりますが、福島第一原発２号機の電源喪失時の対応も、ご著書は問題視しています。このとき、作業員はＥＣＣＳではなく、ＲＣＩＣを単独で手動起動させ、それでそのときは収束したとされています。

「この『６・17』の対応こそ、前述の『30分ルール』が正しいという証明となってしまい、悪しき成功体験になってしまったのかもしれません。確かに、このときはＲＣＩＣを動かすだけで事態は収束しています。これは、９カ月後の11年３月のときと違って、電源が30分程度で回復し、あらゆる冷却機能を総動員できたからです。しかし、逆にこのとき、外部電源を喪失しても、ＲＣＩＣさえ動かせばＥＣＣＳは起動しなくていい、という間違った考えが根付いたのではないか、と思えるのです」

「５年前の福島第一原発事故は、関係者が、この『６・17』の経験をなぞるように対処しようとしたと私には見えます。しかし、『６・17』と違って、福島では発電所への送電線の鉄塔が倒れ、そして津波に襲われ、電源は30分で回復しませんでした。そう考えると、福島の原発事故は、１９９３年の『30分ルール』が出発点で、この２０１０年の『６・17』がその運命を決めたと思えてなりません」

本当に避難できるのか

――ところで、松野さんが働いていた四国電力ですが、16年８月、伊方原発３号機が５年４カ月ぶりに再稼働しました（17年12月、運転差し止め＝17頁参照）。これにも疑問を投げかけています。

「例えば、米国ニューヨーク州のショーハム原発は、避難計画が時速１００キロで逃げないといけないような非現実的なものだったので、一度も稼働せずに廃炉となりました。

避難計画の不首尾から廃炉にしたのです。そうした覚悟を我が国の関係者は持っているでしょうか。伊方原発では、避難道路が脆弱《ぜいじゃく》だと問題になっています。ならば、四国電力こそ、国や県に避難道路をきちんと整備してください、できないなら再稼働しません、と言うべきです。安全の一義的な責任は電力会社にあるとされています。なのに再稼働ありきで動いているのが残念でなりません」

「伊方原発の数キロ北には、国内最大規模の活断層『中央構造線断層帯』が走っています。これに対して、しっかりした地震対策をしたのでしょうか。四国電力は、『強固な岩盤の強さ』に依存して、十分な地震対策を避けているように見えます。中央構造線が動いたときのデータはないのですから、得体の知れないものとして備えを厚くするべきです」

——四国電力の社員やかつての同僚の方から批判や反論はありませんか。

「ありません。もし、次の巨大な事故を四国電力が起こしたら、四国電力の社員が路頭に迷うことになります。だから、むしろ彼らのことを思って、この本を書いたと言ってもいいぐらいです。また、愛媛県は私の出身地です。その愛媛県の知事は、伊方原発について『最高の安全対策』が施されている、として福島と同じことは起きないと説明しています。しかし、その福島の事故原因が本当に解明できたとは私には思えないのです。だからこそ、本書で私がしたような推理と仮説を設定して、福島第一原発事故の再調査をしてほしいと、心から願っています」

「操作手順書に従った」と東電

なお、松野さんの「疑問」に関して、東京電力ホールディングス渉外・広報ユニット広報室に質問したところ、いくつかの回答を得た。Q&Aの形にして転記する。

Q　なぜ、津波が来る前にECCS（HPCI＝高圧注水系）を起動させなかったのか。

A　HPCIは、原子炉1次系配管の中小破断に対して、燃料の溶融を防止するための設備です。地震発生後、1〜3号機の原子炉水位は、通常水位付近に維持されており、IC（非常用復水器）またはRCIC（原子炉隔離時冷却系）により十分に制御可能であったため、HPCIの起動が必要なプラント状態ではありませんでした。本対応は、事故時操作手順書に従った操作です。

Q　現在の見解としては、津波が来る前にECCS（HPCI）を動かしておくべきだったと考えるか。

A　仮定の話については、回答を差し控えさせていただきます。

Q　その点に関して、事故時操作手順書をすでに見直した事実、あるいは今後見直す予定はあるか。

A　現在、福島第一原子力発電所の事故の反省と教訓を踏まえ、一層の安全対策を講じるとともに、安全対策を踏まえた事故時操作手順書の見直しを継続して実施しているところです。

3　人間の生きる尊厳を奪われた——ひだんれん共同代表・武藤類子《るいこ》さん

（２０１６年９月７日）

５年前の東京電力福島第一原発事故で、被害者は「生きる尊厳」を奪われました——。国や東京電力に対し、事故の「完全賠償」を求める訴訟の原告団など10団体が15年５月に「原発事故被害者団体連絡会（略称・ひだんれん）」を立ち上げた。民事・刑事両面からの責任明確化などを求める全国各地の被災者らが、「連帯のためにつながろう」と発足させた初の全国組織だ。今、住宅の無償提供の打ち切りなどの問題をめぐって、福島県との交渉に力を入れている。しかし、武藤類子・共同代表の話からは、時を経て厳しさを増す被害者の実情が浮かんできた。

武藤類子（むとう・るいこ）　1953年福島県生まれ。福島県三春町在住。和光大学卒業後、版下職人、養護学校教員を経て、2003年に里山喫茶「燦《きらら》」を開店。チェルノブイリ原発事故を機に反原発運動にかかわる。福島原発告訴団団長。「ひだんれん」では、福島県飯舘村で酪農をしていた長谷川健一さん（飯舘村民救済申立団団長）とともに共同代表に就いた。著書に『福島からあなたへ』（大月書店）など。

力合わせて闘おうと

――まず、「ひだんれん」をつくった経緯をお教えください。

「設立前年の14年11月のことでした。全国各地で東電や国を相手に集団賠償訴訟をしている団体や、私が団長で東電の刑事責任を追及する『福島原発告訴団』など30団体が交流を深めようということで一堂に会して、原発事故被害者集会を開きました。終了後、このつながりをもっと広げていきたいね、という話が出ました。やはり、原発事故の被害者がばらばらのままではダメだと。裏を返すと、原発事故を終わったことにしたい『勢力』にとって、被害者がばらばらでいるというのは都合のいいことだと思ったのです。それで一緒にやれることは一緒に、ということで被害当事者の横断組織をつくろうと動き出しました」

――設立宣言では、被害者の思いとして、原発事故で「生きる尊厳を奪われた」と。

「事故から時を経ても、しっかりとした賠償がなされていないと思う方が多いですし、子どもたちへの被曝対策もおろそかなままです。さらに国の帰還政策は、放射線はまだ残っているが、そこは我慢して暮らしてほしい、というものです。被害者をあまりにバカにしている。それは、まさに人間の生きる尊厳を奪われていることにほかならない、と感じています。そして、この傷付けられた尊厳を取り戻すために、力を合わせ闘っていこうというのが、『ひだんれん』です」

「本当の救済」を求めて

――設立宣言は、国と東電に対し、「本当の救済を求め」てとして、被害者への謝罪や完全賠償のほか、詳細な健康診断、医療保障、事故の責任追及などの「活動目標」を掲げました。

「はい。例えば『謝罪』ということでは、東電幹部は交渉の場で、私たちに向かって、『申し訳ない、ご迷惑をおかけしました』と語ります。しかし、実は自分たちも地震・津波の被害者であって、加害者としての意識がないと思えるときがあります。端的なのは、福島第二原発の廃炉を東電がまだ受け入れていないことです。内堀雅雄《うちぼりまさお》福島県知事が公に廃炉を求めているにもかかわらずです。そんな姿勢では、いくら『謝罪』を口にしても、私たちの胸にすとんと落ちません」

「健康診断などの実施という『目標』は本来、福島県が東電や国に要求すべきことだと思います。今、子どもたちの甲状腺がんの『多発』が懸念されていますよね。これに対して、福島県が頼りにする専門家は、原発事故の影響とは考えにくいと断じています。しかし、きちんと原因を調べるべきだと私たちは思うのです」

――内堀福島県知事は「ひだんれん」の面会に応じていないんですね。

「私たち『ひだんれん』が束ねる原告の数は約2万5千人になりますが、面会に応じていただけません。応対に出てくる県職員の姿勢もかたくななままです。県の職員の方々には、私たちは同じ原発事故の被害者ですよね、と問いかけるのですが、本当に残念です。何より不思議なのは、今、事故原因の調査で頑張っているのは、新潟県の泉田裕彦《いずみだひろひこ》知事がつくった新潟県の技術委員会ですよね。なぜ、福島県でないのでしょうか。内堀知事がどう考えているのか、聞いてみたいです」

「自主避難者」の苦境

——17年3月に予定される、福島県による住宅無償提供の打ち切りをめぐり、会として福島県との交渉に力を入れています。とりわけ避難指示区域外からの「自主避難」と呼ばれる方々の状況が深刻なようですが。

「そうなんです。いわゆる『自主避難者』に対する支援が住宅の無償提供が中心だったために、これがなくなると生活が逼迫《ひっぱく》します。なかでも、夫を地元に残している『母子避難』の場合は、二重の生活費がかかっているのでさらに深刻です。住宅提供の打ち切りは、彼女たちが避難先で5年かけてつくりあげた生活を、また壊すということにほかなりません。この打ち切りを撤回してほしいと、私たちは何度も県にお願いしているのですが、県は国との協議のなかで決まったことなので、と門前払いです」

「県は独自の支援策として、打ち切り後の1年目は月3万円、2年目は月2万円という家賃補助こそ打ち出しましたが、その後はそれもなくします。多くの方々は従来通りの無償提供による支援を願っています。そもそも、なぜ、彼女たちは避難しなければいけなかったのでしょうか。それは原発事故による放射線の子どもへの影響を心配したからです。彼女たちに何の罪もありませんし、彼女たちが苦しめられる理由はないはずです。無償提供にかかる県の費用負担が重たいのであれば、県はそれを東電や国に請求していいと思うのですが」

＊その後、山形県や鳥取県などが自主避難者に対する住宅支援策を打ち出している。他方、17年4月、今村雅弘復興相が自主避難者について、「本人の責任」などと発言、大きな問題になった。

これでは「棄民政策」だ

――住宅の無償提供の打ち切りは、国による帰還政策に沿うものですね。国の避難指示の解除など帰還政策も早まっています。

「国が帰還政策を急ぐのは、事故の被害者を見えなくしたいという思いがあるのでは、と疑っています。例えば福島県内に約3千台ある放射線監視装置（モニタリングポスト）を大幅に撤去するという計画があるそうです。放射線を見えなくすることで事故はもう終わった、事故が起きてもこんなに早く復活できる、そんなイメージを流布させたいように見えます。原子力の推進のためでしょうか。これから原発を海外に売っていくとき、そうやって宣伝したいのかなと」

「2020年の東京オリンピックも、そのために利用しようという気がしてなりません。

もう、日本は安全ですよ、というプロパガンダ（政治宣伝）では。怖くなります。福島の人であれば、誰しも心の奥底に放射能への不安があるはずです。だけど、事故後は除染で仕事を得ているという人がいたり、昨今は復興が進んだという報道も増えたりして、とにかく早期帰還だし、それが復興なんだ、という風潮を感じてしまいます」

――しかし、国が「年20ミリシーベルトを下回ること」を避難指示の解除要件としたことへの不安を言う人は少なくない。

「はい。20ミリという水準そのものが高いだけでなく、いたるところに線量の高いホットスポットや、除染廃棄物の『山』があります。汚染廃棄物も本来、放射性セシウムで100ベクレル以上は厳重に管理する必要があったのに、事故のあと、8千ベクレル以下は埋め立てることができるようになってしまいました。繰り返しになりますが、安全になったから帰すというのではなく、放射性物質はあるけど我慢して暮らしてね、というのが国の帰還政策です。どう考えてもおかしいことです。それこそ、被害者を切り捨てる『棄民政策』だと思います」

刑事裁判で真相究明を

――武藤さんは、東電元首脳らの刑事告訴を求める福島原発告訴団の団長もなされています。2

015年7月、東京第五検察審査会により強制起訴が決まりました。

「ようやく扉が開きました。それで私たちは、この裁判を通して真相究明と責任追及をめざす『福島原発刑事訴訟支援団』という組織も今年（16年）1月につくりました。公判を傍聴して法廷の内容を分かりやすく発信していくつもりです」

「裁判は本当に待ち遠しい。東電は高い津波のシミュレーションをしていたのに、なぜ対策を先送りしたのか。私たちがこんな目に遭っているところの真因ですので、私もその真実を心から知りたいと思っています」

――11年9月、東京であった「さよなら原発集会」で、武藤さんが壇上で宣言された「私たちは静かに怒りを燃やす東北の鬼です」との言葉が印象に残っています。

「でも、怒りと悲しみは強くなるばかりです。事故もひどいのですが、事故のあとの対応にも怒りを覚えます。もっと、どうにかなったのではと思うことがいっぱいあります。せめて子どもたちだけでも一時的にでも避難させることができなかったのか。なぜ、放射性物質の拡散予測システムSPEEDI《スピーディ》を住民避難に使わなかったのか。こうした点での関係者の責任もしっかりと追及されるべきだと思うのです」

「私たちが刑事告訴を求めたのは、事故の責任をきちんと問わないから、関係者の責任があいまいになり、ひいては強引な帰還政策や早期の賠償打ち切りにつながっているのではないか、という思いがあります。さらには原発の再稼働も招いているのだ、と。だからこそ、同じ悲劇を二度と繰り返さないよう、責任をきちんと問う必要があるのです」

4　線量基準は私たちが決めるべき――チェルノブイリ法研究者・尾松亮《おまつりょう》氏

（２０１６年４月14日）

16年４月は旧ソ連・チェルノブイリ原発事故からちょうど30年という節目の時だった。チェルノブイリの被災地では事故の５年後、年１ミリシーベルトを超える被曝線量が推定される地域の住人の移住などを国が支援する通称「チェルノブイリ法」が定められた。一方、東京電力福島第一原発事故から５年が経った日本では、年20ミリシーベルトを下回ったら避難指示を解除し、住民を帰そうとしている。同法の研究者・尾松亮氏に、その理念や仕組み、そして日本の支援策の問題点などを聞いた。

チェルノブイリ法とは

――チェルノブイリ法ができたのは事故から５年後の１９９１年でした。

「当時のソビエト連邦を構成した共和国のウクライナとベラルーシがまず制定し、少し遅れてロシアもつくりました。基本的な内容は同じで、事故の被災者を国の責任で保護するものです。１９８６年の事故直後、半径30キロ圏内で強制避難が行われましたが、放射性物質は30キロを越えて飛散しました。その汚染状況を示した地図が89年に公開され、汚染を知った人々が、私たちも補償せよ、と声を上げたのがきっかけです」

「事故の収束作業者らも多量の被曝をしたにもかかわらず、補償はおざなりでした。それで収束作業者やその遺族、そして被災地の住人らが、『チェルノブイリ同盟』という団体をつくり、権利擁護を求める運動を始めました。折しも、ソ連で初めて民主化された選

尾松亮（おまつ・りょう）　1978年生まれ。東京大学大学院人文社会系研究科修士課程修了。モスクワ国立大学に留学。通信社、民間シンクタンクに勤務。チェルノブイリ被災者保護制度の日本への紹介と政策提言に取り組む。2012年には政府のワーキングチームで「子ども・被災者支援法」の策定に向けた作業にも参加。単著に『3・11とチェルノブイリ法』（新版は東洋書店新社）、共著に『原発事故 国家はどう責任を負ったか』（東洋書店新社）、『フクシマ6年後 消されゆく被害』（人文書院）。

挙が行われ、被災地住民や作業員らを代表する議員が当選し、法律をつくる大きな流れができました」

――制定された法律だと、支援対象はどうなっているのですか。

「年1ミリシーベルトを超える追加被曝を余儀なくされる地域を被災地として認めました。実際には土壌汚染の濃度で定められています。この年1ミリシーベルトはチェルノブイリ法ができる前年の90年11月、ICRP（国際放射線防護委員会）が平常時の公衆の被曝限度について、『年1ミリシーベルト』と勧告したのを無視できなかったからです」

――年20ミリシーベルトを下回れば住民を帰そうという日本と、水準が違いますね。

「ICRPが2007年になって示した、事故からの復旧期の参考レベル『年1～20ミリシーベルト』の上限を日本政府は採用したんですね。ちなみに、旧ソ連の事故直後の避難基準は年100ミリシーベルトでしたが、翌年に年30ミリシーベルトに、さらにその翌年には年25ミリシーベルトに下げました。そして、緊急時の基準をいつまでも続けられない、平常時のルールに戻そうという議論をして、91年のチェルノブイリ法により年1ミリシーベルトで決着したのです」

「ウクライナなど3カ国が事故から5年後に、住民が長期的に住む、そこで生まれ育つ子がいることも前提に年1ミリシーベルトと決めたことを考えれば、日本も今の年20ミリシーベルトの基準を、どうやって平常時の基準に下げるのかが問われています。確かに日本政府も除染などにより長期的に1ミリシーベルトにする目標を掲げていますが、いつまでに、というのを明示しなければ、実効性はないと思います」

健康診断は生涯無料

——チェルノブイリ法に基づく支援策には、どんなものがあるのですか。

「一番大事なのは健康診断です。1〜2年に1度など定期的に、対象の人々すべてが生涯にわたり、健康診断を無料で受けられるという規定があります。事故から30年が経った今も続けられています。医薬品の無料支給や一部補助、また、非汚染地域において一定期間、療養する費用の全額もしくは一部が出されます」

「避難した人には元の家や菜園など、当時の価格で算定して補償されました。それまで社会主義国で家屋などが市場で売買されることはなかったので、日本の賠償との比較は難しいのですが。避難先では被災者を公営住宅に優先入居させるといった形で、国が住宅確保にも責任を持ちました。仮設ではなく、恒久住宅です。国は職探しの支援もしました。ただ、市場経済への移行で理想的な職場がなかなか見つからず、求職期間中、平均月額給与に見合った給付金を払うことが多かったようです」

――厳しい財政状況のなかで各国とも努力した。

「例えばウクライナだと、90年代末の通貨危機のあと、必要な予算の2割以下しか確保できなかったときもあったと言います。ただ、注目しないといけないのは、健康診断は対象者の9割5分の人がこれまで受け続けているのです。健康にかかわる部分、とくに子どもを中心に予算を付けようとしてきたんですね」

「実際、被災者の声を聞くと、給付金はかなり削減されてしまいましたが、この法律があったから、あのソ連崩壊後の経済混乱期を、避難・移住者であっても、なんとか生活することができたと語っていました」

認められた「避難の権利」

――ところで、チェルノブイリ法と日本では自主避難者の扱いが大きく違うと。

「チェルノブイリ法で避難者は3グループに分けられます。まず半径30キロ圏の強制避難者。年5ミリシーベルトを超える地域も移住が義務づけられました。そして年1ミリシーベルトを超える地域の人々も、『避難の権利』が認められました。法律の言葉を直訳すれば、『保証された自主的移住者』となります。この権利に基づく移住も、例えばウクライナでは05年までに1万5千世帯近くあったとの記録があります。一世帯4人とすればざっと6万人です。もっとも近年の経済の混乱に伴う予算難で、住宅確保が間に合わず、長らく順番待ちになっているという話がロシア語メディアによく出てきます」

――日本では、自主避難者に対する支援策が乏しい。

「チェルノブイリ法では、被曝線量が年1ミリシーベルト以上であれば、避難する選択肢が与えられ、一定の状況を満たせば恒久住宅が与えられたり、雇用支援がされたりしました。日本では、避難指示を受けて避難した人か、避難指示がなくても避難した人かの2つに分けられますが、後者に対して国が保護する姿勢はまったくなかった。この日本でも、チェルノブイリ法を参考に『子ども・被災者支援法』が2012年にできたのですが、自主避難者に対して、実質的な助けとはなっていません」

――国の姿勢というか責任感の違いを感じてしまいます。

「チェルノブイリ法は国が責任をもって被災者を保護するものですが、それはチェルノブイリ原発が国営だったからではありません。事故原因は公的にはオペレーターの人為的なミスとされています。同法はそれとは別に、広い地域が汚染され、大勢が避難を余儀なくされている以上、国として放っておくことはできない。だから、長期的に被災者を保護する責任は国にあると明確に定めていることです。日本政府が使う『社会的責任』というあいまいな言葉で逃げていません」

官僚に任せるな

「チェルノブイリ法でもう一つ大事なのは、国が支援対象とする年1ミリシーベルトの被曝線量の基準について、国民代表である議会が法律に書き込んだことです。福島第一原発事故のあと、日本では基準を政府が定めていますが、結局、官僚の手によるものではありませんか。官僚は私たちが選んだわけではありません。同法で重要なのは、民選の議員たちがこの数値を定めたことです。決めるのは私たち自身であるべきです」

――今後、日本は避難者に対する保護・支援策をどうするべきでしょう。

「日本では、17年3月末で自主避難者への住宅の無償提供が打ち切られ、多くの方が望まないタイミングでの帰還を求められる状況になります。繰り返しになりますが、チェルノブイリ法は、当時のソ連が何もしてくれないので、一共和国、いわば一地方議会だったウクライナなどの議会が、自分たちの手で法律をつくり、自分たちを守ろうとしたのです。日本でも、原発事故の避難者がいる地方自治体の議会が、その地に避難せざるをえなかった人々、つまり今、同じ地域に住んでいる人々の権利をどう保障するのか、それを考えてほしいと思うのです。その際、チェルノブイリ法のアイデアが改めて役に立つと思います」

5　福島再生、公害の教訓に学ぶべき――大阪市立大学教授・除本理史氏

（２０１６年７月29日）

東京電力福島第一原発事故から5年、福島の「復興」が、被害の実態からかけ離れたところで進められていないか――。事故のあと、福島県内外で被災者の声を聞いてきた大阪市立大学の除本理史教授は、政府の復興政策は、地域の生活環境やふるさとの喪失といった被害をとらえきれていないとの思いから、近著『公害から福島を考える――地域の再生をめざして』（岩波書店）で、水俣病など公害の教訓に学ぶべきだ、と訴えている。除本氏に執筆の動機や再生のあり方を聞いた。

――かねて、除本先生は水俣病など公害の被害調査や賠償問題に取り組んでいらっしゃいました。原発事故のあと、すぐさま福島にもかかわらなければと考えたのですか。

「日本で過去、あのような大きな原発事故はなかったので、賠償が大問題になるのは分かっていても、（参考となる）先行研究がありません。そこで大学院ゼミの先輩で原子力財政に詳しい大島堅一・立命館大学教授から、『公害研究をやってきた者が知見を生かさな

いといけない』と言われ、11年7月から被災者に対する本格的な聞き取り調査に入りました。被害の実情を明らかにすることが賠償の出発点になるからです」

「しかし、最初のころは被災者の方々に怒られてばかりでした。私たちに何をしてくれるのですか、と。そして、どうして、こんな状況になっているのか、いつになったら戻れるのか、私たちこそ聞きたいんだと言われました。被災者自身、受けた被害をどう理解してよいのか分からなかったのです。それ以来、ずっと被災者の話を聞きつづけてきました。水俣病研究の第一人者だった医師の故・原田正純《まさずみ》先生は『〈水俣病を〉見てしまった者の責任』をおっしゃられていましたが、私もそれと同じ気持ちです」

除本理史（よけもと・まさふみ）　1971年、神奈川県生まれ。一橋大学大学院経済学研究科博士課程単位取得。一橋大学博士（経済学）。専門は環境政策論・環境経済学。水俣病や大気汚染の被害実態を踏まえ、補償・救済問題を研究。福島の原発事故の後は、被害調査や賠償、復興政策の研究に取り組む。単著に『原発賠償を問う』（岩波書店）、共著に『原発災害はなぜ不均等な復興をもたらすのか』（ミネルヴァ書房）、『福島原発事故賠償の研究』（日本評論社）など。

「ふるさと喪失」への賠償を

――ご著書の冒頭で、事故で「全村避難」となった飯舘村の高齢男性の声を紹介されています。「村をよくしようと頑張ってきた。飯舘牛はブランド品に。飯舘の牛乳も濃度がうんと強い、と。ちょっとやそっとで、できるもんではない」と。これが、後に除本先生らが提唱される「ふるさと喪失」の慰謝料の考え方につながるわけですね。東電が払うべき賠償の一つだと。

「はい。賠償の対象から、地域全体の被害が切り捨てられてしまうのではないか、と考えたのです。この精神的苦痛をどういう形で表現すればいいのか。それは、避難生活の不自由さなどを理由に支払われた慰謝料とは違います。元の地で営々と積み上げて築いてきた生産・生活の諸条件が失われた、というものです。この被害の概念をしっかり定義しないといけませんでした。そうしないと、(賠償のあり方を議論した)原子力損害賠償紛争審査会の指針の問題点を明らかにできないわけです」

――実際、事故被害者が各地で起こした集団賠償訴訟で、そうした考え方から、「ふるさと喪失」の慰謝料が請求されています。紛争審査会でも能見《のうみ》善久《よしひさ》・前会長(16年3月末に退任)も似たような表現を使いました。

「ええ、能見先生は『戻ってきても周りに誰もいない、自分一人しかいない、そういう状況で被《こうむ》る精神的な苦痛がある。コミュニティーの喪失とは、こういうことだと思うのです』とおっしゃっています。能見先生の大切な置き土産として、紛争審査会で議論が深まってくれることを願っています」

水俣病との共通項

――ご著書から、原発事故と水俣病の共通項が多いことも知りました。水俣病は今年（16年）、公式確認から60年ですが、今も患者認定や救済を求める裁判が続いています。

「水俣病では1977年に認定基準が厳格化され、未認定問題が深刻化しました。公害では、加害者や為政者の側が被害をある『型』にはめ、過小評価しようとします。当然、被害者は異議を申し立て、結果的に解決までに時間がかかることになります。福島も同じです。福島には放射能汚染という特徴もあるので、なお長期化する。少なくとも30年〜40年の長期スパンで復興を考えなければなりません」

「もう一つ、福島と水俣を結ぶ悲しい話として地域社会の分断があります。チッソの企業城下町だった水俣では、（訴訟などでチッソに補償を求める）患者はチッソを擁護する市民から冷たい目で見られました。福島の原発事故でも、自主避難者らに対して風評被害につながるから騒がないでくれという声があります。しかし、低線量被曝の健康影響ははっきりしておらず、(政府が掲げる)基準値内の汚染でも心配する人はいます。こうしたグレーゾーンに対する感じ方の違いや地域間の賠償格差などがあいまって、地域社会の分断がつくりだされています。地域社会全体の被害ととらえることが重要です」

――水俣の「復興」をめぐっては、水俣湾の埋め立て地で1990年に開催された「1万人コンサート」に対する水俣病患者の緒方正人さんの批判を紹介されています。「未だ苦海《くかい》の痛みを悟らぬたわごとである。環境創造などというのは鉄面皮もはなはだしい」と厳しい言葉です。

「本来、水銀を埋め立てた海は、奪われた生命に対する鎮魂の場所であるはずなのに、水俣病と遊離したコンサートを開くのは何事だ、と。私は2020年の東京五輪にも似た感覚を抱きます。原発事故からの復興イベントにしたいという思惑が見えませんか」

外来型開発から内発型再生に

――もう一つ、『証言水俣病』などの著作がある栗原彬《くりはらあきら》立教大学名誉教授の言葉で、「戦後日本の公害被害者たちは、『生産力ナショナリズム』の犠牲になったのだ」という引用が印象的です。福島もその犠牲になった。

「『生産力ナショナリズム』とは、国家や社会が生産力を増やせば人も豊かになるという考え方です。原発事故の被災者の方からも、原発などの電源開発は地域の成長になるし、国家の成長にもつながる、と信じていたと、『当時は』という過去形で聞きました。しかし、地域開発の結果、確かにお金で測られる所得は増えたかもしれませんが、その一方で公害や原発事故が起き、人々の『生活の質』を損なっています。今こそ、外来型の開発から、内発的な発展への転換が必要なはずだと思うのですが、基本的に変わっていませんね」

「例えば、国は浜通りの産業再生に向けて『イノベーション・コースト構想』を掲げています。東京五輪が開かれる20年を目標に、ロボット研究などの一大拠点をつくるというものです。原発依存型の経済からの転換が必要とはいえ、そんな外来型開発の繰り返しではなく、内発的な再生を考えたい」

「本にも書きましたが、大気汚染がひどかった大阪市西淀川区や川崎市では90年代以降、良好な環境のもとで暮らせるようにと、公害被害者が『環境再生』という考え方でまちづくりを提案します。そうした公害被害地域の再生の取り組みから、学べることは多いのではないでしょうか」

復興に向き合う責務

——しかし、放射能汚染に見舞われた福島の再生は並大抵の努力ではかないません。どんなことができるのでしょうか。

「確かに避難指示が解除されても、若い世代が帰ってこないといった厳しい状況があります。ただ、一方で、その地で頑張りたいという人がいる限り、その努力を否定してはいけないと思うのです。だからこそ、住民主体の復興の取り組みを支える制度・政策がないといけません。例えば新潟県中越地震の被災地、旧山古志村《やまこしむら》（現・長岡市）などで活用された『復興基金』方式が、福島でもできないでしょうか。行政が基金の元本《がんぽん》を出し、その運用益で民間が事業を実施するので柔軟性を発揮できる。硬直的との指摘がある福島の除染でも、そうした基金をうまく使えないかと思うのです。もちろん福島の場合は、東京電力も基金の原資を出すべきでしょう」

——私たちにも、原発の電気を使ってきた責任がある。

「そうです。電気を大量に使ってきた私たちは常に、福島は国政レベルの問題だと意識していきたい。現政権には、もう終了といった風潮があって、どんどん地域レベルの話に押し込まれていく。しかし、セシウム137の半減期は30年ですし、廃炉作業も数十年かかります。そうした長期の復興過程に向き合うことが、私たちの責務だと思います」

第4章　電力・原発をどうするのか

――政治家、専門家に聞く

脱原発、脱「原子力村」への展望はどうやったら切り開けるだろう――。

2011年、福島であのような原発事故を起こしてしまった日本の電力・原発政策が従前と同じであっていいはずがない。

この第4章では、その方策を考えようと、政治家や専門家らに対する関連インタビューをまとめた。第3章と同じく朝日新聞デジタルの「核リポート」というコーナーに書いてきた記事から5つの論点に絞ってピックアップした。

結論から言えば、原発を維持・推進していくことのおろかしさ、難しさが改めて明確になったのではないかと思う。

いわゆる「原発のごみ」問題一つを取っても、まだ、きちんとした解決のめどが立たないのだ。海外での原発事業にのめり込み、経営を悪化させた東芝の二の舞を、国として演じるのだけはごめんだ。

一方で、再生可能エネルギー（自然エネルギー）の急拡大など、原発に代わる日本の新しい電源の姿を考える材料もこの章では示したい。

なお、インタビュー時の原発をめぐる情勢を伝えるため、原則として内容・肩書のアップデートをしていないのは、第3章と同じである。

1　賠償、現状回復　東電は責任果たせ――衆議院議員・河野太郎氏

（2016年10月13日）

事故を起こした東京電力は責任を果たせ、できないなら法的整理を――。自民党きっての「脱原発派」として知られる河野太郎衆院議員が、経済産業省が検討を始めた東電に対する支援強化策に対し、フェイスブックなどで厳しい批判を続けている。15年10月、第3次安倍改造内閣で初入閣し、事実上、脱原発の持論を封印していたが、閣僚を退任して「縛り」がなくなったのを機に、東電や原発をめぐる問題への対処法について語ってもらった。河野氏は筋を通すべきだとの「原則論」を改めて主張した（このインタビューは16年10月にしたもの。河野氏は17年8月に発足した第3次安倍第3次改造内閣で外相に就いた）。

人件費を切れ、発電所を売れ

――福島第一原発の廃炉などの事故対応費用が巨額になりそうです。経産省はその費用を賄おうと検討を始めました。どう評価しますか。

「東京電力は今も一部上場で株が取引されていますから、事故の賠償や原状回復は自前

でやるのが当然です。例えば、ある企業が事故を起こして賠償するとき、国に向かって『お金がないので助けて』と言っても、『オマエ、何を言っているんだ』となりますよね。なぜ、東電だけ、そんな特別扱いをするのでしょうか」

「単純に考えたい。東電はその費用を捻出するために人件費を切る、調達コストを下げる。それで足りないなら資産を売る。火力発電所を売ればいいじゃないですか。電力自由化時代、首都圏参入を考えて、どこかの企業が買うはずです。なお足りないなら送電網を売る。それでも足りなければ、減資や金融債権のカットをする。そうやって、逆立ちしても鼻血も出ない、となって初めて、賠償はしっかりしないといけないので国が出て税金投入も、

河野太郎（こうの・たろう） 1963年、神奈川県生まれ。米ジョージタウン大卒。富士ゼロックス、日本端子を経て96年に初当選。2002年、生体肝ドナーとなり父・河野洋平（元衆議院議長）に肝臓の一部を移植。09年の自民党総裁選挙で次点。15年10月、国家公安委員長、行政改革担当、国家公務員制度担当、内閣府特命担当相（消費者及び食品安全、規制改革、防災）に（16年8月まで）。17年8月には外相に就任。著書に『原発と日本はこうなる』、『「超日本」宣言——わが政権構想』（いずれも講談社）など。

という話になる」

「それが筋なのに、やらないというのは、事故のあと、東電を法的整理せず、変な形で株式上場を継続させてしまったからではないでしょうか。私の主張は一貫しています。原発事故を起こしたのは東電。さっき言ったような形で自分で責任を果たせ、と。それができないというのなら法的整理しかありません」

利益は懐に、ツケは国民に?

——送電線の使用料である「託送料金」に追加負担を乗せるとなると、新電力の利用者も払うことになります。電力自由化をゆがめてしまう?

「ゆがめるどころか逆行している。原発でつくった電気を使いたくないと新電力に契約を換えた人がたくさんいる。そもそも託送料金は、決め方やその中身がよく見えないですよね。経産省は、そんな見えないところでやれば、世の中は怒らないだろうと踏んだのでしょう」

——電力会社でつくる電気事業連合会（電事連）も、原発事故の除染・賠償の費用が想定より巨額になるとの試算をまとめ、超過分の国庫支援を政府に要望しているとの報道があります。

「講演で、電事連のことを指定暴力団山口組と並ぶ反社会勢力だと、皮肉を込めて言ったことがあります。電事連は財務諸表も公開しない任意団体。そうした組織の要望を、国がまともに議論するべきでしょうか。だいたい彼らは、電源別コストの計算で原子力は事故費用を入れても『安い』とずっと言ってきた。『安い』のなら自分たちで対応してください、と。できないのなら、『安い』という説明はうそだったんですね、と言いたい」

「これまで電力会社は、原発でもうかっていたんですよね。その利益を自分たちの懐に入れて、原発事故が起きて巨額の費用が発生したら国民・消費者に押し付ける。そんな話を許してはいけません。電力会社は、これまでの原発による黒字分を返上するとでも言うのですか」

――電力業界としては、国庫から金を出させたい。

「国庫というか、消費者でしょう。財務省だって、総額がいくらか分からないなかで国庫から出せるはずがない。繰り返しになりますが、金が足らないと言うなら、東電はとっとと発電所を売ればいい、送電網を売ればいいんです」

＊第2章でも描いたが、結局、賠償費用の増加分は東電だけでなく他の大手電力や新電力にも負担が回されることになった。廃炉費用に関しては、東電が送配電子会社の合理化で利益を出しても託送料金を下げずに済む特例をつくることになった。事実上、電気代の高止まりを容認するものと言えた。

「もんじゅ」許した罪

――ところで、政府はこのほど、核燃料サイクル政策の柱だった高速増殖原型炉「もんじゅ」について、廃炉を含む抜本的な見直しをする方針を打ち出しました。河野さんは、かねて廃止を唱えてきましたね。

「運転していないのに、炉を安定させておくためだけに年間２００億円かかるなんて話は受け入れられませんよね。それにしても、ここに来るまで時間がかかりすぎました。半世紀、１兆円をかけて実績と言えるようなものが影も形もない。『何十年後に実用化します』といった方針のウラに、官僚の『うそ』がありました。政治家も『違うだろ』と言わないといけなかった。その罪は重い」

――今回、文部科学省ではなく経産省が前面に出てきました。で、フランスが計画する高速炉「ASTRID《アストリッド》」に協力するというのですが。

「経産省にしてみれば、自分のところに予算が来るのはありがたい、でも、自力ではできないから、フランスとの共同研究を考える、と。しかし、アストリッドはどれだけ研究が進んでいるのか、日本に何が求められるのか、などがよく分かりません。高速炉の基礎研究をやるのは構わないと私は考えています。でも、それは数億円の予算でできる基礎研究の範囲ではないでしょうか。まさか、『もんじゅ』のように年間200億円はかかりませんよね、と釘を刺しておきたい」

虚構の核燃料サイクル

――その経産省は、核燃料サイクル政策を維持する方針は変えず、難航している青森県六ケ所村の再処理工場もあくまで稼働させるとしています。

「経産省は、『青森問題』に手を付けるのが嫌なんですね。もし、核燃料サイクルを本当にやめるとすれば、経産相が青森に行き、もはや再処理は意味をなさなくなったので再処理しません、と言う必要があります。そのうえで、(すでに再処理工場のプールに持ち込んだ)使用済み核燃料の貯蔵をしばらくお願いします、そのための費用は別途きちんとお支払いします、とちゃんと頭を下げないといけない。それがスタートになるはずです。しかし、経産省の担当者は大抵2年で異動するので、この間、この問題をやるフリだけをして、ずっと逃げてきました」

「壮大なフィクション(虚構)が続いています。六ケ所村で使用済み核燃料の再処理をしたらプルトニウムが出てきます。それは従来、『もんじゅ』で燃やすと言っていたのがダメになった、と。(プルトニウムとウランを混ぜたMOX燃料にして燃やす)『プルサーマル発電』があるけど、実際は誰もやりたくない。やはり、先ほど話したような形で『青森問題』に対処しないといけないのですが」

「イカ文明」にどう伝えよう

――使用済み核燃料を再処理して出てくる高レベル放射性廃棄物ですが、まず、地下で300年程度、モニタリングすることが想定されています。

「300年くらい前、赤穂浪士の討ち入り（1703年）があった時代を思い描いてください。電力会社が、そのころに埋めたヤツの管理をし続けているということですよね。電力会社はそんなに続くんでしょうか？　そうして、さらに放射能の影響が消えるまでの10万年、地下深くに閉じ込めておくというんですよね。10万年前は、昔習った旧人のネアンデルタール人の時代です。信じられない楽観主義です」

「オヤジ（河野洋平氏）が科学技術庁長官のとき、幹部でこんな議論があったそうです。最終処分場の場所は見つかっても、そこが最終処分場だと、はるか後世にどうやって伝えていこうか、と。オヤジはここが最終処分場と書いておけばいいと言ったら、日本語の文字が読める人間はそのころ、いるのだろうか、と。ならば絵文字は、と言ったら、下手な絵だと、むしろそれを見て掘り返されてしまうかも、と。私はそんな話を聞いて、原子力の未来はバラ色じゃないんだ、と思いました」
「福島の事故のあとに対談した音楽家の坂本龍一さんは、ある科学者の話として、人類の次の地球の支配者は『イカ』だ、と。で、このことをイカ文明にどうやって伝えたらいいだろうか、と語っていました。『イカ』にとっても迷惑な話ですね（笑）」

「40年廃炉」が最良の戦略

――政府のエネルギー基本計画の見直しにあたって、今度は、原発の「新増設」を盛り込むべきだ、との声も電力業界から出ています。

「安倍政権は、『原発依存度を可能な限り低減する』と言っているので、その方針にのっとって書けばいいだけです。40年で廃炉にしていけば、2050年に日本から原発はなくなります。それが最良の戦略と信じています。この4月、太陽光など再生可能エネルギーが一時、日本の電力需要の2割を超えたという情報を聞きました。瞬間的にせよ、政府の2030年度の再エネの目標値に相当する数字ですよ。もうそこまで来ている。原発は『安い』と言いますが、再エネは燃料費がいりません。欧米の再エネ比率が3割、4割となったとき、日本はエネルギーコストで欧米にかなわなくなります。再エネを増やすほうが、合理性があるのははっきりしています」

――でも、原子力村は強い。

「そりゃ、利権の固まりですから」

――最近の選挙でも、脱原発を唱える議員が減っている。

「しかし、昔は私一人だけでした。そのときと比べたら、今は数十倍に増えています。最近開いた再生可能エネルギー関連の議員連盟の会合にも、たくさんの議員が来ました。今後を決めるのは、そういう議員を、『世の中』がどれだけ支持するか、だと思っていま す。つまり、あなたが選ぶのです」

2　差し止め訴訟「原発いらない」世論が支え――元裁判官・井戸《いど》謙一《けんいち》氏

（2016年11月21日）

東京電力福島第一原発の事故後、原発の運転差し止めを求める住民らの訴えを司法が認める機会が増えた。住民側弁護団の中には裁判官出身の弁護士、井戸謙一さんがいる。金沢地裁の裁判長のときに、巨大地震による事故のリスクを指摘し、稼働中の運転差し止めを初めて言い渡したその人である。原発の是非をめぐり、司法判断の流れは変わるのか。

井戸謙一（いど・けんいち）1954年、大阪府堺市生まれ、東京大学教育学部卒。79年に裁判官に任官。彦根や大阪、宇部、京都、金沢などの家裁・地裁・高裁を回り、2011年３月31日、大阪高裁裁判官を最後に退官。現在、若狭湾の原発の差し止めを求めた「福井原発訴訟（滋賀）弁護団」の団長を務めるほか、福島の事故で子どもたちに無用な被曝をさせたとして国や福島県の責任追及を求める集団訴訟、青森県・大間原発をめぐり対岸の北海道函館市が建設差し止めを求めた裁判の弁護活動にもかかわる。

井戸さんは、今後のカギを握るのは「世論」と語る。

「認識が甘かった」

――脱原発の一連の訴訟にかかわるきっかけは。

「福島の事故のあと、同じ滋賀県の故・吉原稔《よしはらみのる》弁護士から『大津地裁で原発差し止めの裁判をやりたいので弁護団に入ってくれないか』と誘われたのですが、お断りしていたんです。ついこの間まで法壇（裁判官席）の真ん中にいた人間が、自分がかかわったのと同種の裁判で当事者席に座るのは品がないように思えて。それが、とにかく話だけでもと来られたのですが、若手弁護士3人も一緒で、私がウンと言うまで絶対に帰らないという雰囲気で（笑）。それで『アドバイザーなら』と承諾したんです」

「そうして11年8月、定期検査で停止中の関西電力の福井県内の原発7基について再稼働を認めないよう求める仮処分申請を大津地裁に出しました。しかし、12年初め、吉原弁護士が病に倒れられ、弁護団を見渡すと若い人ばかり。オレがやると腹を決めました。これとは別に11年6月、別の親しい弁護士から、放射線の悪影響を心配して子どもの疎開を求める集団訴訟に誘われ、その仮処分申請を福島地裁の郡山《こおりやま》支部に出しにいくのですが、いきなりテレビカメラの前で先頭を歩かされ、記者会見を仕切らされ、中心的立場になってしまいました」

——原発の差し止めを認める06年の金沢地裁判決を書いた＊という経験も背中を押したのでは。

「というより3・11ショックです。原発の差し止めを認める判決を出したとはいえ、こんなに早く事故が起き、あんな大変な事態を招くとはイメージしていませんでした。原発の集中立地や使用済み核燃料のプールの危険性についても、自分の認識の甘さを思い知らされました。もっとも、あれほどの事故が起きたのだから、日本の原子力政策は、私なんかが声を上げなくても、根本的に変わるだろうと思いました。ところが、日本政府は何もなかったかのように原発再稼働路線を進めます。放射線防護もめちゃくちゃ。国民のために働いていると思っていた官僚に裏切られた、とショックでした。自分のなかに『義憤』を覚えました」

＊北陸電力志賀《しか》原発（石川県）2号機訴訟は1999年、地元住民はじめ17都府県の135人が北陸電力を相手取り、建設差し止め（のちに運転差し止めに変更）を求めて金沢地裁に提訴。井戸さんは2006年3月、同地裁の裁判長として営業運転中の原発の運転差し止め訴訟では初めて原告側の訴えを認める判決を言い渡した。高裁で原告が逆転敗訴し、10年に最高裁で確定。福島の事故の前、ほかに住民側が勝訴したのは、高速増殖原型炉「もんじゅ」（福井県）の設置許可無効確認訴訟で、二審・名古屋高裁金沢支部が03年に許可無効の判決を出している。これも05年に最高裁が二審判決を破棄、住民側逆転敗訴とした。

「目立ちたくない」裁判官

――福島の事故前、原発の運転差し止めを求める訴訟は、ほとんどが原告住民側の敗訴でした。

「裁判官には、専門家の判断に従って判決を書いていれば『無難』と考えているところがあります。変に目立ちたくないんですね。流れに逆らって、それが間違いだと大きなミスになりますが、流れに従って間違っても、裁判所はみなそうなんだから、と言い訳できますよね」

――だからこそ、06年の金沢地裁判決は重い。のちに井戸さんは、朝日新聞のインタビューで、判決文の詰めの作業に取りかかって布団のなかで言い渡し後の反響を考えていると、真冬なのに体中から汗が噴き出した、と振り返っていますね。

「あの判決があったので、日本の司法は救われたという自負はあります。ただ、あの裁判は、原告側が原発の危険性について一応の立証をしているので、被告の電力会社側がそれでも安全だという立証ができているかどうか、が問題でした。で、それができていない、と。そこから差し止めという結論が自然に出てきました」

――北陸電力の姿勢はどうだったのでしょう。

「『慢心』と言えるでしょうか。まさか、差し止められることはないと。国の規制に従っているということさえ言っておけば、あとは裁判所が救ってくれるという感覚だったと思います。ただ、あの判決は、原発をやめろというのではなく、動かすなら耐震性能をもう少しアップしてくださいという内容でした。当時、私も原発がないと日本の社会は成り立たないと思っていました。福島の事故後、原発はなくても大丈夫と学びましたけど」

矜持示した福井地裁判決

――福島事故後の原発差し止め訴訟で、原告らが「勝つ」ことが増えています。まず、福井地裁

（樋口英明《ひぐちひであき》裁判長）が14年5月、関西電力大飯原発（福井県）3、4号機の運転差し止めを命じました。要は「経済より命」だと。改めて評価を。

「裁判官の矜持《きょうじ》を示した、と思います。矜持という言葉が一番ぴったりきますね。従来の裁判所の判断によらずに、判決全体を一からつくりあげているんです。失礼ながら樋口裁判長が、それまでのほかの裁判で、（流れに逆らうような）目立った判断をしたとは聞いたことがありません。しかし、福島原発事故で被害の深刻さを目の当たりにして、思い切った書き方ができたのだと思います」

――そして、再稼働したばかりの関西電力高浜原発（福井県）3、4号機に対して、大津地裁（山本善彦《よしひこ》裁判長）が16年3月、運転を差し止める仮処分決定を出しました。すぐに効力が生じるため、実際に稼働中の原発が止まりました。

「山本裁判長らは現実に止まることが分かっていたわけで、非常に勇気がいることだったと思います。しかし、山本裁判長は関西電力に対し、原告側の主張にかみ合うように具体的に反論してくれと何度も警告していた。それに関電はちゃんと向き合わなかった。ですから、ああいう結論になるのも自然だったのだと私には思えます」

――井戸さんは、裁判官の認識も、市民の認識や意識が基盤と主張されていますね。

「はい。大津地裁の仮処分決定も、『原発はいらない』という大きな世論が支えだったと思います。逆に、あの大津地裁の決定が世論に与えた影響も大きいのでは。司法も世論を変える刺激になりうるということです。政治でも新潟県知事選で再稼働に慎重な候補が勝つと、それもまた世論に影響しますよね。そういう一つ一つのトピックが互いに影響しあいながら、原発なんていらないという社会を醸成していくのではないでしょうか」

――裁判官が気負わずに原発の運転差し止めを判断できる日がくると。

「そのためにも、もっと世論が変わらないとダメです」

＊福井地裁の大飯原発3、4号機の判決をめぐっては関西電力などが控訴し、裁判が続いている。また大津地裁の高浜原発3、4号機の仮処分決定については大阪高裁が17年3月に取り消したため、その後、関西電力はこの2基を再稼働させた。一方、広島高裁は17年12月、四国電力伊方原発（愛媛県）3号機について阿蘇山の噴火の影響を重視し、18年9月30日まで運転を禁じる決定をした。

「世界一安全」本当か

――法廷の外でも脱原発の「言論活動」をされていますね。ある講演会で日本の原発の建設費は1基4千億～5千億円なのに対し、欧州では安全規制の強化などで1兆円超かかる、と。それで「半額でできて、なぜ世界一安全なのか」と強く批判されていたのが、私には印象的でした。

「欧州で求められる（溶け落ちた炉心を受け止める）『コアキャッチャー』の設置や（大型航空機の衝突に耐える）二重構造の格納容器などは日本の新規制基準では必要とされていません。それらを求めなかったのは、電力会社が出せる程度の費用で補強させ、再稼働にこぎ着けるという全体戦略があったからではないでしょうか。コアキャッチャーなんて求めたら、費用がオーバーしてしまうということです」

――福島の事故後に民主党政権が定めた、運転期間を40年とする「原則」も骨抜きになりそうです。

「安倍政権は15年7月、30年度の電源構成で原子力を20～22％と決めましたが、それを実現しようにも新設は厳しいので、40年超の老朽原発を動かすしかない、と考えたのでしょう。それで原子力規制委員会も、ほかに審査すべき候補はたくさんあるのに、あえて（運転開始から40年が近づいた）関西電力高浜原発1、2号機、美浜原発3号機（いずれも福井県）の審査を優先して延長を認めた、と私は疑っています」

――大阪高裁の判事を退かれたのが11年3月31日。まさに東日本大震災・福島原発事故の20日後なんですね。

「実は、私が生まれたのは1954年でビキニ水爆実験の年。任官した79年は米スリーマイル島原発事故があった年なんです。何かあるんですかね（笑）。退官前、地元に密着した街の弁護士になろうと思い描いて、自宅を買い求めていた滋賀県彦根市で弁護士事務所を開きましたが、今、原発関連が仕事の７割ぐらいでしょうか。なかなか地元に根を張るにいたっていないですね」

――全国を飛び回っていますが、ご家族から何か。

「妻からは、ちょっとは依頼を断りなさい、と言われます。旅行に行くとか、そういうこともしたかったと、ときどき、ぶつぶつ言われます。本当に申し訳ないと思っています」

3　自然エネルギー、爆発的普及期に――自然エネルギー財団局長・大林ミカさん

（２０１７年５月23日）

原子力の時代から自然エネルギーの時代への大転換期に入った――。11年の東京電力福島第一原発事故のあと、ソフトバンクの孫正義社長が立ち上げたシンクタンク「自然エネルギー財団」（東京都港区）の大林ミカ事業局長は、太陽光発電や風力発電のコストが急激に下がっており、自然エネルギーの世界的な爆発的普及期に入ったと自信を深めている。欧州では国際送電網の整備も進み、それがまた自然エネルギーの拡大につながる。日本はそうし

た潮流に付いていけるのか。自然エネをめぐる国内外の動きを大林局長に聞いた。

大林ミカ（おおばやし・みか）　大分県中津市生まれ。1992年から原子力資料情報室でアジアの原子力などを担当、2000年に環境エネルギー政策研究所の設立に参加、00年から08年まで副所長。10年からアラブ首長国連邦の首都アブダビに本部を置く「国際再生可能エネルギー機関（IRENA）」で、アジア太平洋地域の政策・プロジェクトマネジャーを務めた。11年8月、公益財団法人「自然エネルギー財団」設立に参加、現在、事業局長。

欧州では基幹電源

――世界的に自然エネの拡大が止まらない。

「はい。2015年の世界の累積の発電設備容量を見ると、風力が原子力を抜きました。実際の発電量ではまだ原子力が大きいのですが、世界では目に見える形でエネルギーの大変革が進んでいます。とくに欧州では、自然エネはもう『基幹電源』と言っていい。ドイツでは自然エネが年間の発電量で全体の30％を超えました。デンマークでは風力が需要の

100%以上になる時間帯も何度も出ています」

——何より価格低下が著しいと。

「オランダやデンマークの洋上風力発電の16年の入札では、1キロワット時あたり6〜8円台で落札されました。石炭火力や原発と普通に勝負できる価格です。地域によりますが、風力や太陽光が政府の支援を受けなくていい『安い電源』になりつつあるのです」

——再エネ関連の世界のビジネスの動きも速まっている。自然エネルギー財団が毎年開く国際シンポジウム（17年は3月に開催）でも、著名企業がプレゼンテーションをしていますね。

「ええ。例えば今年は、米アップルが使用する電力すべてを自然エネに転換する取り組みを紹介してくれました。カリフォルニア州サンノゼに建設中の新本社は、太陽電池などを使って利用するエネルギーを100%自然エネにすると。さらにアップルの求めに応じてサプライヤー（部品納入業者）も自然エネに転換しようとしています。日本の部品メーカーでも、アップル向け製造活動のすべてを自然エネにする取り組みを始めた企業もあるそうです」

「なぜ、そうした取り組みをするのか。プレゼンをしたアップルの幹部は、世界で最も優れた製品をつくりたい、同時にそれが世界にとってもよい『こと』でありたい、と語っていました。新世代の経営者は自らのビジネスで世界をよりよく変えたいと考え、そして、その価値判断のなかで環境や自然エネが大きな位置を占めていることが分かります」

日本は選択肢が不十分

――日本企業はどうなんでしょうか。

「日本企業では今年、日産自動車の志賀俊之副会長が登壇し、『ＥＶ（電気自動車）で進める自然エネルギー社会』とのタイトルで講演してくれました。電気自動車を蓄電池として利用すれば、『不安定な自然エネルギーを実用的に活用できるようになる』という趣旨です。素晴らしい内容でした」

「残念だったのは、例えばアップルは日本においては、『１００％自然エネ』にできていないというのです。日本では自然エネを利用する選択肢が不十分だからです。使った電気が自然エネ由来と証明するシステムも整っていない。今まで大手電力会社が地域を独占してきたので、『開かれた制度』になっていないのです。企業の自然エネ利用１００％を実現できる電力取引市場の整備などを急ぐべきです」

――ただ、日本でも東日本大震災のあと、再生可能エネルギー（自然エネルギー）の固定価格買い取り制度（ＦＩＴ）が導入され、とくに太陽光発電が大きく広がりました。

「想定以上ですね。九州では太陽光を中心に自然エネが瞬間的に需要の80％近くになるときも出ている。そういう意味でＦＩＴは大成功だった。しかし、買い取りの原資として電気利用者から徴収する賦課金は確かに高い。12年の制度開始時の買い取り価格１キロワット時あたり40円（非住宅用太陽光・10kW以上）は、それぐらいでないと参入者を得られなかったかと思うのですが、その後、柔軟に下げていく努力が足りなかった。技術も未熟で建設費用がかかかった。ただ、そういう経験を経て、今の買い取り価格24円（16年度）でもやれる業者が出てきました」

国境を越える電力

――欧州では、国と国を結ぶ国際送電線網づくりも盛んです。

「商売としては、電力を安いところから高いところに輸出するのが、経済原則にかなっていますよね。昔は高圧直流の送電が技術的にもコスト的にも難しかったのですが、近年、技術が発達して安くなった。それで、欧州各国が海底を横断する送電線でどんどん結ばれつつある。それは自然エネの大量導入を加速します。例えて言えば、電力が注ぎこむプールが大きくなるので、風力や太陽光の発電の出力変動を和らげることになるからです」

――そうした意味もあって、中国や韓国、ロシア、モンゴルを結ぶアジアの送電線網を財団として提唱している。

「世界の主要国で国際送電線につながっていないのは、もはや日本と韓国だけです。技術的な問題はありません。島国だから無理という固定観念を捨てたい。安全保障を理由に難しいという人もいますが、日本は石油や天然ガスをほぼ100％輸入しています。中東からの石油が止まったときに備え、アジアから電力を輸入する選択肢を増やすほうが安全保障に役立つはずです。モンゴルには風力と太陽光、ロシアには水力という膨大な『資源』があります。逆に九州で太陽光が増えて困っているというなら、余っているその電力は安いはずだから、アジアに輸出すればいいんです」

東電事故の負担策は「安直」

――ところで、日本では16年秋から、電力システム改革と東京電力の福島第一原発事故の対応費用の負担問題が合わせて議論されました。それで同年末、例えば追加の賠償費用は、電気料金（送電線の利用料「託送料金」）に上乗せして集めることが決まりましたが。

「まず、やり方がフェアでない。将来世代にも影響するので、経済産業省の有識者会議だけでなく、国会などでもしっかりと議論するべきでした。追加の賠償費用は、規制が残る託送料金に上乗せして取ることになりましたが、発電事業が起こした事故の対応費用をなぜ、送電事業に回すのか。送電事業は電気の需給調整をきちんとして利用者に届けるのが本来の役割で、発電事業を支えることではないはずです」

「託送料金で賠償費用を払うことを、一般の人がどれだけ理解できるでしょうか。やはり税金などで集める手法はできなかったのか、と思います。東電の経営者も経産省幹部も、そして株主や銀行も何の責任も取っていないのに、電気利用者に負担を求めていくのは安直だと思います」

――その一方で、新たに参入した新電力が売る電気を得やすくする新市場の創設が決まりました。

「これもフェアじゃない。新電力に対し、負担を託送料金に乗せるけど、ビジネスをしやすくするから、と説得材料に使ったように見えます。経産省の有識者会議の名は『電力システム改革貫徹のための政策小委員会』でしたが、『改革貫徹』という言葉には、まず第一に東電や原子力事業の救済が必要で、そのためにほかの電力会社などにも納得してもらわないと、という思惑が実際には込められていたのではないでしょうか」

旧来型システムは転換点

――自然エネが拡大すれば、9電力中心の日本の電力体制も変わるのでは。

「欧州では自然エネの台頭により、旧来型の電源に依存していた大手電力の経営が悪化しています。日本でも旧来型の電力システムが大きな転換点を迎えることは明らかです。

過去、化石燃料やウランなど輸入に頼った『資源小国』と言われた日本でしたが、太陽光や風力という無尽蔵の自然エネを利用した形の『資源大国』になるのも夢ではありません。今問われるのは、自然エネの大量導入に対応して、電力システム全体のあり方をどうするのかということです。まさに、その正念場です」

4　「原発のごみ」、総量に上限を――原子力資料情報室共同代表・伴英幸《ばんひでゆき》氏

（2017年6月8日）

「原発のごみ」を地中深く処分する場所は日本にあるのか？――原子力発電所の使用済み核燃料から出る高レベル放射性廃棄物の処分場探しに役立てるため、全国の地質環境などを整理した「科学的特性マップ」[*1]が遠からず経済産業省から示される見通しだ。[*2]福島の原発事故のあと、小泉純一郎・元首相が日本で処分場を見つけるのは難しいと語ったのに対し、安倍政権は日本にも好ましい地下環境があるとして、ここまで作業を進めてきた。経産省の有識者会議（放射性廃棄物ワーキンググループ）に委員として加わるNPO法人・原子力資料情報室の伴英幸・共同代表に経緯や問題点を聞いた。

小泉元首相の問題提起から

――この問題は13年夏、小泉元首相の「原発ゼロ」発言で議論に火が付きました。

「ええ。小泉元首相が13年8月、フィンランドの最終処分施設を見て、『（地震国の）日本において処分場*3（地層処分の地下施設）のめどを付けられると思うほうが楽観的で無責任』と言って、原発ゼロを唱えました。相当なインパクトで、14年2月の都知事選で小泉さんが推す細川護熙《もりひろ》元首相が勝つかも、という情勢になったんです」

「それで自民党の原発維持派が経産省を突き上げたのでしょう。原子力発電環境整備機

伴英幸（ばん・ひでゆき）　1951年生まれ。早稲田大学卒業後、生活協同組合の職員となり、環境問題などを担当。脱原発法制定運動の事務局を経て、原子力資料情報室のスタッフに。95年に同室事務局長、98年に共同代表に就いた。2013年7月から経産省の有識者会議「放射性廃棄物ワーキンググループ」委員。著書に『原子力政策大綱批判』（七つ森書館）。

構（ＮＵＭＯ）が02年から公募をしているのに、いまだに決まらないのは何事だ、と。それで国としても13年12月、第１回最終処分関係閣僚会議を開き、国が科学的な観点から有望そうな地域を示す方式へと転換するのです。こうして、極めて政治的な理由でこの作業は始まったのです」

――日本学術会議も14年９月、重要な提言をまとめます。地震や火山活動が活発な日本では万年単位で安定した地層を見つけるのは難しい、と。だから、いつでも廃棄物を取り出せる施設で、数十〜数百年間、暫定的に管理するべきだ、というものでした。

「私は暫定保管について大いに参考にするべきだと経産省の有識者会議で主張したのですが、経産省側にくみ取ろうという姿勢はありませんでした。この提言でもう一つ重要なのは、廃棄物の総量に上限を設ける『総量管理』の考え方です。無制限な廃棄物の増大に歯止めをかけるべきだというのです。それは私たちが主張する脱原発に通じるところがあります。処分量を確定させることで、『今の世代』で廃棄物処分に責任を持つ覚悟ができるのではないでしょうか。原発をこの先１００年も使うと言っていては、『今の世代』が責任をと言っても、誰もピンとこない。原発を続け、発生する廃棄物が計画する処分施設の容量を超えたら、新たに別の処分施設をつくらないといけなくなります」

「提言は一方で、日本国内で安定した地層を見つけることについて、『現在の科学的知見と技術能力では限界がある』との見解を示しました。つまり、日本で処分場の適地を見つけるのは難しいと。しかし、私は、日本のどこかで見つける努力をするべきだと考えています。福島の事故のあと、日米が処分施設をモンゴルで計画しているという報道がありましたが、海外にお願いするというのは、倫理的に許されないと思うのです。だから、暫定保管しながら、適地を探す努力をすればいいと考えます」

「お金を」の思惑排除を

──国として科学的に有望な地域を示すということで、経産省の作業部会（地層処分技術ワーキンググループ）が16年8月、そのマップづくりのための要件・基準をまとめました。

「地質環境などに照らして、ダメな場所、ダメそうな場所を、あらかじめ候補対象から外しておくこと自体は反対ではありません。福島の原発事故の前、処分場の誘致に関心を示した自治体は、経済的なメリット、つまり、『お金が欲しい』という思いがありました。そんな思惑から、処分場の場所が決まることだけは避けたいのです」

「ただ、やはり、今の段階でマップづくりまで進める必要はないと思います。専門的な話になりますが、米国では、地下３００メートルどころではなく、地下に数キロの穴を掘って、そこに直接埋設する『超深孔処分』という手法が検討されています。国家レベルでも掘り返せないほど深いところに捨てるので核拡散の心配もない。暫定保管をしつつ、そんな方法の研究も進めるべきだと思うのです」

――その作業部会の取りまとめを経産省は16年夏、パブリックコメント（意見公募）にかけましたが、その後、すんなりいかなかったとか。

「はい、言葉遣いを変えるのです。最初、『科学的有望地』という表現だったのですが、『有望地だと、自治体に押し付けるかのような印象を与える』といった意見がパブコメで出たというので、作業部会が17年に入って、『科学的有望地』を『地域の科学的特性』と変えました。さらに『適性がある』も、『好ましい特性が確認できる可能性が相対的に高い』と変えたのです。分かりにくい表現ですよね」

「これも裏には政治的な理由があったのだと思います。16年の鹿児島県知事選と新潟県知事選で再稼働に慎重な候補者が勝ったうえ、当時、取りざたされた衆院解散・総選挙で、この処分場問題が争点になるかもしれない、と経産省は考えたのではないでしょうか。それで穏やかな表現にしたのだと思います」

マップ提示は時期尚早？

――今の国の方針だと、「好ましい特性が確認できる可能性が相対的に高い」などと、その地域

の特性によって4つに色分けされたマップがつくられることになっています。

「マップが発表されると、今の世代でどう引き受けるか、といった根本議論は吹き飛び、処分場を受け入れるか否かという地域問題に矮小化《わいしょう》されてしまうのでは、と心配します。たぶん、『好ましくない』のほうに色分けされた地域は、自分のところは選定対象から外れたと安堵《あんど》して、それ以上、関心を持たなくなりますよね。一方、まだはっきりしないのですが、『好ましい』のほうは圧倒的に広いかもしれません。となれば、切迫感に乏しく、関心は高まらないでしょうね」

「この処分場問題をはじめ原子力政策全体について、国は国民からの信頼を得ていません。確かに、経産省やNUMOは、説明会やシンポジウムを全国で何度も開いてきましたが、脱原発派も入れた真剣な討論会になっていない。そういう意味でも、マップ提示は時期尚早だと思えてなりません」

――マップ提示後はどうなるのですか。

「13年12月の関係閣僚会議で示された経産省の資料では、有望地の選定や説明会開催などを経て、国から複数地域に申し入れるとなっていました。いわば『決めうち』するというものでした。ところが、最近の有識者会議に経産省が出した説明資料では、『国から申し入れ』という表現がなくなっていて、この点があいまいになったような気がします。先の言葉遣いの変更も含め、最初の関係閣僚会議の姿勢から、だいぶ後退したように思えます。結局、役人も、火中の栗を拾いたくないということかなあと」

真剣な合意形成を

――朝日新聞は16年1月、47都道府県のうち19道府県が処分場の立地を受け入れない方針を固めているとの独自の調査結果を報じました。仮に適地としても当地は引き受けない、というのです。

「もちろん、適地とされても拒否する地域はたくさん出るでしょう。やはり、時間をかけて真剣な議論を重ねて合意形成を図るしかないと思います。そして、地域住民が主体的に受け入れる・受け入れないを決定できるような仕組みづくりも支援するべきだと思います。詰まるところ、住民投票です。それが結果的に住民間の不和を小さくすることにつながると思うのです」

＊1　高レベル放射性廃棄物：原発の使用済み核燃料からウランなどを取り出して出る廃液をガラスで固めて金属容器に入れた「ガラス固化体」（高さ約1・3メートル、重さ約500キロ）にしたもの。これを地中深くに埋める「地層処分」が今の政府の方針で、実施主体の原子力発電環境整備機構（NUMO）が2002年から調査の受け入れ自治体を公募したものの、調査に入った例はない。

＊2　経産省は17年7月、処分に向いた特徴を持つ可能性がある場所を示した全国地図「科学的特性マップ」を公表した。火山や活断層、炭田などがなく、船による輸送もしやすいといった条件を満たす「好ましい」地域は、国土の3割に上った。経産省は今後、処分場に関心がある自治体が現れれば、詳しい調査への協力を申し入れる方針。

＊3　地層処分の地下施設：NUMOが示したイメージによると、地下施設は地表から300メートルより深い安定した岩盤中に建設するとしており、その広さは6～10平方キロメートルの規模を見込んでいる。そこに高レベル放射性廃棄物のガラス固化体を4万本以上埋設する。低レベル放射性廃棄物を含めた最終処分の事業費は約3・7兆円とされる。

5　東芝の海外原発、失敗は必然だった――専門誌編集長・宗敦司氏

（2017年6月27日）

東芝の海外原子力事業の失敗は必然だった――。プラントビジネスの専門誌編集長を長年務めてきた宗敦司さんはそう指摘する。「原子力ルネサンス」と言われるなかで、米原子炉メーカーを買収した名門・東芝は、なぜ坂道を転がり落ちるように業績を悪化させてしまったのか。宗さんは、東芝の経営層の甘い認識によって、買収当初からつまずく可能

性があったと見る。そして今のままでは、日本の原発輸出に成算はない、とも言い切る。

宗敦司（そう・あつじ）1961年生まれ。東京都東村山市出身、和光大学卒。90年にエンジニアリング・ジャーナル社入社。2001年からプラント・エンジニアリング業界のビジネス誌「エンジニアリング・ビジネス」編集長。17年3月、電子書籍で『原発プラントは儲からない EnB mook』（エンジニアリング・ジャーナル社）を出版した。経済誌などへの寄稿も多い。

買収当初から「不安」

――まず06年の東芝によるウェスチングハウス（WH）社*の買収をどう見ますか。

「英核燃料会社がWHを売り出したとき、買収する企業は三菱重工業が妥当だというのが、私をふくむ業界関係者の一致した見方でした。というのも、WHは加圧水型炉（PWR）のメーカーであり、そのライセンスで三菱はWHとほぼ対等の関係を築いていたからです。一方、東芝は沸騰水型炉（BWR）のメーカーで、PWRと構成機器も異なり、つくり方のノウハウも違います。だからシナジー（相乗）効果がないばかりか、知らない技術のWHを東芝がうまくマネジメントできるのか、という不安がありました」

「落札価格の54億ドル（当時の為替レートで約6400億円）というのも高すぎました。業界では、頑張って30億ドルと言われました。なぜ、それほどの高値を示したのか理由が分かりません。1979年のスリーマイル島原発事故以降、米国では約30年にわたって原発の新設がなく、WHもゼネラル・エレクトリック（GE）も大型機器の製造能力をなくしていました。もちろん日本の原子炉メーカーも、原発機器を輸出したことはあっても、海外で一から原発を建設した経験はありません。うまくいくはずがなかったのです」

＊ウェスチングハウス（WH）社：発明家ジョージ・ウェスチングハウスが1886年に米ピッツバーグで創業。ゼネラル・エレクトリック（GE）社と並ぶ巨大なコングロマリットに育て上げた。だが、次第に日欧勢に押されるようになり、1990年代に経営難が深刻化した。再建を託されたマイケル・ジョーダン会長兼最高経営責任者（2010年死去）が事業構造の転換を図り、防衛機器や重電部門などを次々と売却する一方で、米3大ネットの一角・CBSを買収、WHの社名も変えた。1998年に英核燃料会社に売却された原発部門が今のWHで、東芝が2006年に54億ドルで落札したときには「高すぎる」との疑問も出ていた。福島第一原発事故後は低迷が著しくなり、17年3月、米連邦破産法11条の適用を申請し、経営破綻した（20頁参照）。

——東芝はWH買収後、2015年までに世界で両社合わせて30基以上、受注するとの見通しを示していました。

「それも、あまりに楽観的でした。確かにあのころ、米国では30基ほどの建設計画がダダッと持ち上がったのですが、私はそう簡単にはいかないと見ていました。米国では実際には、それほど多くの原発新設は必要なかったし、01年の9・11同時多発テロで厳しい航空機テロ対策が求められていたからです。さらに、値段の安いシェールガス・オイルの開発も進められ、11年の福島第一原発事故で安全規制が一段と強化され、多くの原発計画がおかしくなっていきます」

なれ合いの「日本流」

——WHは最新炉「AP1000」について、米国2カ所での売り込みに成功していました。それがサザン電力（ジョージア州）のボーグル原発3、4号機と、スキャナ電力（サウスカロライナ州）のサマー原発2、3号機でした。

「はい。ところが、先ほど言った安全規制の強化やシェールガス開発に伴う人件費の高騰などによって、工事の遅れや建設費の高騰に直面します。そのコスト負担をめぐり、発注元の電力会社とWH、建設を担うCB&Iとの間で裁判になるのですが、WHは15年、訴訟取り下げを条件に、CB&Iから原発建設子会社を買収します」

――そこにも、甘さがあった？

「その原発建設子会社の買収の際、WHは発注元の電力会社との間で、費用が増えた分をWHが引き受ける『固定価格』の契約を結んでいました。原発のような巨額の建設工事に絡み、その工事全体で『固定価格』の契約を結ぶことはまずありません。それだけリスクが大きいからです。案の定、4基の原発建設工事で数千億円の追加の費用がかかることが後に分かり、WH、ひいては東芝が多大な負担を強いられることになったのです」

――かねて、日本の電力会社と原子炉メーカーの「なれ合い」を批判されていましたが。

「ある原子炉メーカー幹部に聞いたのですが、電力会社との正式な契約は完成直前にA4用紙4枚ほどの契約書にサインした、と。そういうのが、『信頼の証し』だというのです。ずっとしました。海外では工事に入る前に、厳密にリスク分担を決めて契約します。そんな『日本流』の甘さを、体現してしまったのが東芝でした」

――この負担に耐えきれなくなって、WHは17年3月、米裁判所に米連邦破産法11条（日本の民事再生法に相当）の適用を申請して破綻します。これで東芝は債務超過に陥りますが、ともかくWHは東芝の連結対象から外れることになります。

「ただ、分からないところがあります。例えば、東芝は19年から年間220万トンのL

NGを20年間にわたって調達する契約を米テキサス州のLNG事業会社と結んでいます。ガスタービンを売るのに燃料供給もセットでというのが、これまでの東芝の説明でした。でも、今、ガスは市場でも買えますよね。で、そのガスが想定通り売れなくて、それが新たな損失になるかもしれません」

――それにしても東芝の経営陣はなぜ、こんなミスを重ねたのでしょうか。

「言いたいのは、原発などのプラント・プロジェクトと、半導体などをつくる工場とは、性質がまったく違うということです。工場だと、製造装置を並べて品質管理を徹底しつつ、変動の少ない定常業務をこなすという姿です。これに対して莫大《ばくだい》な巨費を投じるプロジェクトは個別の大きな変動要因があります。例えばA国とB国で、法律や技術レベルはもちろん、気象状況まで違ってくるわけです。そこまで考えて事業を進めるのがプロジェクトマネジメントです。東芝の経営陣はそれを知らなかったのではないでしょうか」

「だからこそ原発輸出には、なにより冷静さが必要です。韓国企業が09年、アラブ首長国連邦の原子炉を受注したことが話題になりましたが、韓国側は60年もの運転の保証をしたとされています。常識からかけ離れていて、プラントの商談としては極めて質が悪いと言わざるをえません。それで喜んだ韓国、それを見て、いらつく日本。どちらも滑稽《こっけい》ですよ」

行き詰まる原発ビジネス

——欧州でも原発建設は進んでいませんね。

「ええ。05年に着工したフィンランドのオルキルオト原発3号機は09年に完成する予定だったのに、安全規制の強化や相次ぐトラブルで、いまだに完成していません。建設費は当初予定の3倍になるとされています。米GEの最高経営責任者のジェフ・イメルト氏（17年夏退任）は福島の原発事故のあと、原発を『正当化するのは大変難しい』と英紙に語っています。世界の多くの国の電源が、ガスと風力や太陽光の組み合わせに向かっている、というのです」

——原発輸出は、今後ビジネスとして成り立つのでしょうか？

「現状のままでは日本は確実に負け続けます。中国とロシアは、原発のプラント建設から事業運営、金融まで一体化して面倒を見るし、そのための体制も築いている。それも低コストで。日本にはそんな体制はありません。もう、日本は損をするような案件しか取れないと思ったほうがいい」

「米国では、シェールガスを使った発電が圧倒的な競争力を持ち、原発は早期閉鎖が次々決まっています。世界的には再生可能エネルギーも価格低下が進んで、国の補助金を使わなくていい時代に入ってきています。日本には、日立製作所、東芝、三菱重工業と3社の原子炉メーカーがありますが、3社もいるのか、が問われてきますよね」

第5章　「ふるさと喪失」は償われるのか

原発事故の被災者の声を、「原子力村」は聞いたことはあるのだろうか——。

原発事故のあと、私は被災者への取材もしたいと早くから思っていたが、それは、限定的ながら朝日新聞の朝刊連載「プロメテウスの罠」で実現することになった。

2012年12月。原発事故で避難した人々が、福島地裁いわき支部に東電を相手にした損害賠償請求訴訟を起こした。東京電力福島第一原発事故をめぐる日本で初めての集団訴訟だ。

「脱原発」への願いも込められている。これを皮切りに、事故で避難している人々たちが全国各地で提訴する。

この訴訟のことは、あまり朝日新聞の記事になっていなかったため、私は「プロメテウスの罠」で描きたいと願い出た。そうして、14年10月、「ふるさと訴訟」とのタイトルで計10回にわたる連載記事として出すことができた。

この章は、その連載を中心に、裁判に訴えた被災者の体験や思いをまとめたものだ。原発事故の罪深さを、この章を通じて、少しでも伝えることができたら、と思う。

もし、家族や身近な人が原発事故の被災者になったらと想像して読んでほしい。

なお、「プロメテウスの罠」はルポタッチで描くため、第4章までと文体が変わる（敬称略）。

1 住職は地域が消えると恐れた

防護服で戻った寺

白い防護服姿の自身の写真が残る。

福島県楢葉《ならは》町で600年以上続く宝鏡寺の住職、早川篤雄《はやかわとくお》(74)。2011年6月18日朝、集合場所の福島県広野町の体育館にいた。

4月22日に立ち入りが禁じられた楢葉町内の「警戒区域」へ、一時帰宅する約120人のうちの一人だった。バス6台が太平洋岸を右に見つつ国道6号を北上した。

寺は、福島第一原発から南に約15キロの大谷《おおや》地区にあった。周辺住民がバス1台に乗り込んだ。

久しぶりの帰宅。顔見知りの檀家《だんか》もいる。でも、みんな口数が少ない。

早川のひざの上には、唐草模様の風呂敷に包んだ骨つぼがあった。檀家の女性の遺骨だった。

1週間ほど前に、避難先の東京で体調を壊し、77歳で亡くなった。一緒に暮らしていた

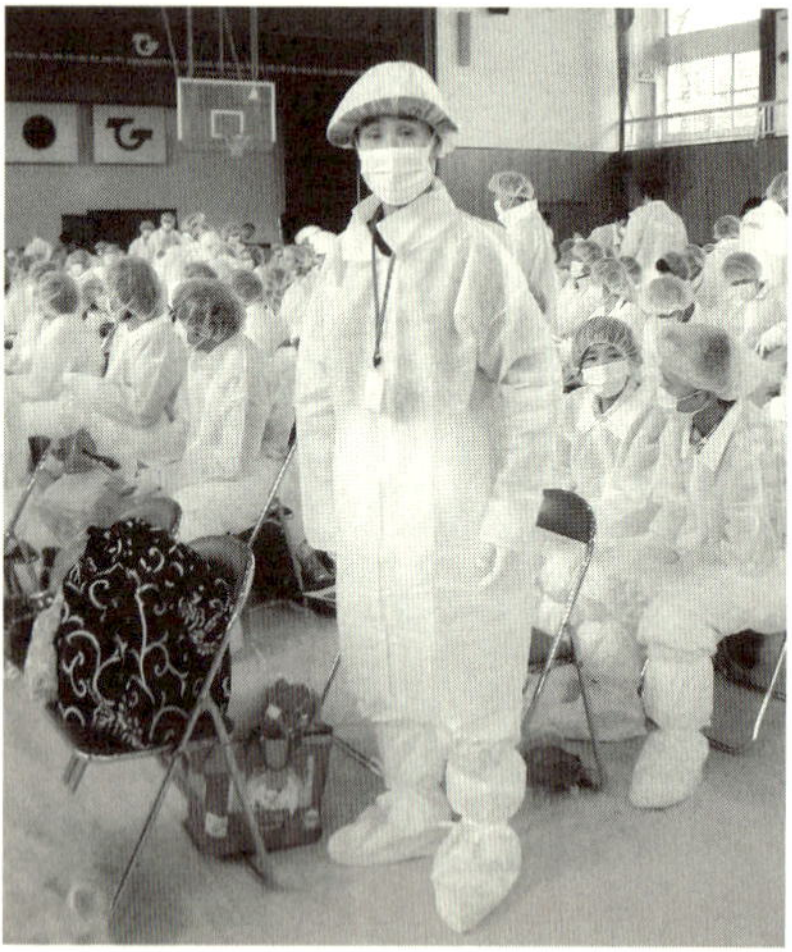

防護服姿の早川篤雄さん＝本人提供

夫から連絡を受けた。読経もなく火葬された。本来なら寺で読経し、墓に納めたいが、立ち入りさえままならない。夫から「今は狭い家なので遺骨を預かってほしい」と相談を受け、数日前にいわき駅で受け取った。

女性の一生に思いをはせた。戦後、貧しい農家の次男に嫁いだ。夫は仕事で海岸の砂をスコップでかきあげ馬車で運んだ。出稼ぎに出ることも多かった。自分も日銭稼ぎをして子を育てた。ようやく幸せな生活をつかんだ。ほがらかな人だった。

「ばあちゃん、無念だろう」

バスは住民を次々と降ろしていく。早川も寺の下で降ろしてもらった。本堂に青の靴カバーをはいたまま上がる。現実感がまるでなかった。ご本尊の阿弥陀如来立像は避難先のいわき市のアパートの押し入れに移してあった。ご本尊が本来あるべきところの前にその遺骨を置く。

庭は雑草が伸び放題だった。放射線量を測って数値が高いのに驚く。自分で30代目。寺をつぶしたくはない。だが、この女性のように避難先で体を壊して亡くなる人が続く。

政府は12年8月、この地を避難指示解除準備区域にした。でも若い世代は戻るのだろうか。

「寺が消滅するのでなく、地域が消滅する」

原発設置取り消しを求める裁判を長く闘った。今度は集団賠償訴訟の原告団長になる。

（2014年10月8日）

絵手紙が伝える今

早川篤雄の妻、千枝子《ちえこ》（71）は、中学校の音楽の教師だった。

50年近く前、赴任した学校で国語を受け持っていた篤雄と出会う。定年後は障害者施設で働くかたわら、下手でもいいからと聞いて、はがきに絵を描く絵手紙の手ほどきを何度か受けていた。

2012年8月に、寺のある地域は昼間、自由に入れるようになる。千枝子は避難先のいわき市から、車で日用品などを取りに戻った。

その年の秋。

寺のまわりなど、あちこちに、外来種のセイタカアワダチソウが黄色い花を咲かせていた。かり取ることができず、伸び放題だった。

コスモスの花も咲いている。隣人が育てていたものが、たくましく花を付けていた。

事故の風化が進むなか、避難生活を送る自分たちの姿に重なった。

カメラに収めた。ふるさとのありさまを伝えようと、離れて暮らす娘に、写真をもとに絵手紙を描いた。

セイタカアワダチソウの黄色い花の下に赤紫のコスモスの花を置き、こう書き添えた。

「私たちを見失わないで！」

それから、町内の風景を写真に撮っては、絵手紙にした。思い付く言葉を絵のわきに書き込んだ。

クルマも人もいない道路の絵には、「みんなどこへ行ったの？」。

検問所を通るときの夫の姿を描いたこともある。そのときは、皮肉をこめて「ここはどこの細道じゃ」。

近くの木戸川とほととぎす山を描いた絵手紙には、童謡「ふるさと」の歌詞を添えた。

「うさぎ追いしかの山　こぶな釣りしかの川」

慣れ親しんだ曲だが、避難生活を送る今、歌うのも聞くのもつらい曲になった。歌詞の終わりに付け加えた。「むかしのことよ」

ジャガイモやキュウリを育てた畑、孫とドジョウをすくった田んぼの堀、篤雄が桜や紅葉の木を植えた裏山。定年後に働いていた障害者施設のにぎわい……。すべて昔の風景になってしまった。

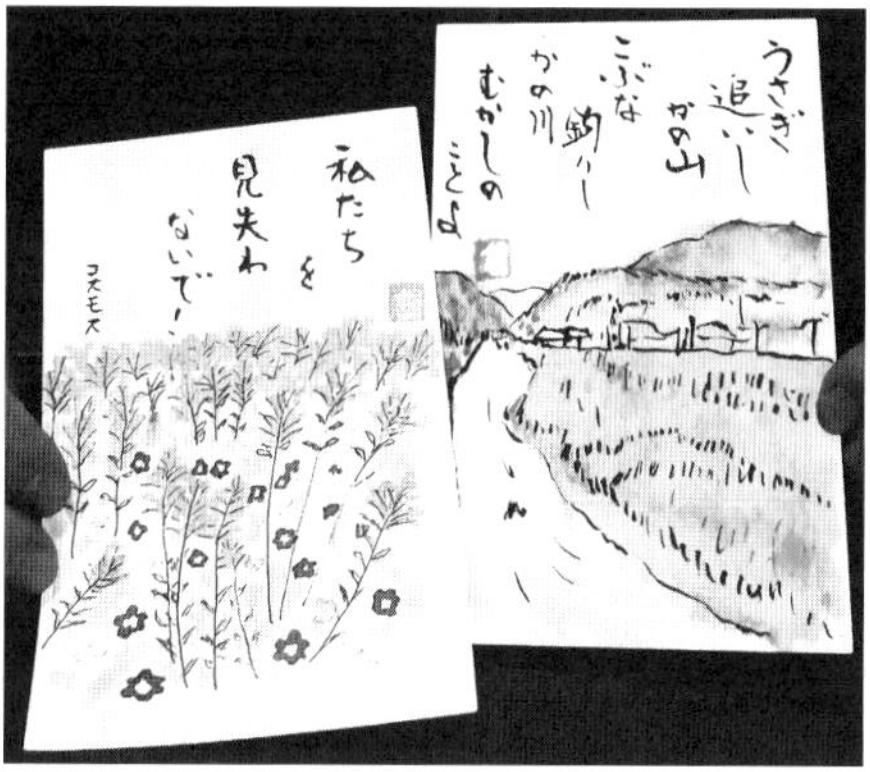

早川千枝子さんが描いた絵手紙

絵手紙は約60枚になった。被災者の今を訴えようと、絵手紙の一部は印刷して売っている。売り上げは障害者施設の運営に充てる。

そんな千枝子と篤雄のもとに、東京電力から賠償請求の書類が送られてきたのは事故の約半年後。11年9月にさかのぼる。（2014年10月9日）

まず謝ってほしい

その封筒はずっしりと重かった。

避難に伴う損害を東電に賠償請求するための書類だ。オレンジ色の表紙の請求書類は60ページ近くあった。水色表紙の、記入方法などを書いた案内冊子は156ページ。篤雄は数ページめくっただけで、腹が立ってきた。

例えば請求書類の「送付時チェックリスト」はこんな具合だ。

「『ご避難の状況』の避難形態に応じた本請求明細の避難形態にチェックを入れていらっしゃいますか」

「請求対象期間と補償対象期間の両方にチェックを入れている期間のみ金額計算欄にご記入いただいておりますでしょうか」

こんなに細かいことを、すらすら書き込める者などいるだろうか。

実際、体裁は後に改められる。

請求書類には、一人あたり月額10万円という精神的苦痛への賠償金額が刷り込まれていた。なぜ10万円なのか。知り合いの広田次男《つぐお》（69）ら弁護士に聞いた。

10万円の根拠は交通事故の自賠責保険なのだという。

政府の審査会が11年6月に基準を打ち出した。その際、自賠責保険の慰謝料を参考にした。交通事故でけがをして入院した場合、月額12万円程度が支払われる。

なぜ、自賠責なのか。避難者の声を聞いたのか。ふざけんな。

篤雄は、この地で約40年にわたり反原発の運動をしてきた。国語の教師だったが、勉強会で原発の危険性を知る。１９７５年、教師仲間や地域住民と、福島第二原発の設置許可の取り消しを求める裁判を起こす。

原告団の事務局長を務めた。92年に最高裁で敗訴が確定したが、その後も、地震や津波で事故が起きる恐れを、何度も東電に申し入れた。いつも無視された。

しかし、篤雄らの「警鐘」は現実のものになってしまった。「反対してきたことは、何の役にも立たなかった」

東電の賠償姿勢に憤り、再び裁判で闘う決意を固める。まず謝ってほしい。今度は被害者としての訴えだった。（２０１４年10月10日）

2　主婦は戻れないと思った

戻りたい、戻れない

２０１１年９月。

東京電力から送られてきた、同社に対する賠償請求書類。分厚く難解な内容に避難者の

金井直子さん

多くが戸惑った。

楢葉町からいわき市に避難していた金井直子（49）もその一人だ。仕事にはげみ、家事もこなす。夫（49）や息子2人と暮らしてきた。

補償金請求書には「各補償項目の請求は1回限り」とあった。出していいのか。ほかの人はどうするのか。不安がふくらむ。

そんなとき、母（82）が地元紙で弁護士の無料相談会を見つけた。思いきって10月6日、福島地裁いわき支部の弁護士控室を母と訪ねた。そこで応対してくれた弁護士が、広田次男だった。

東電からの書類を封筒ごとテーブルの上に置いた。「先生、すぐに出さないといけないんでしょうか」

広田はあっさり答えた。「慌《あわ》てて出さなくていい」

気持ちが少し楽になった。

金井は1996年、田舎暮らしにあこがれ、埼玉県所沢市から、母の実家のある大熊町近くの楢葉町に、一家そろって越してきた。2006年には「終《つい》のすみかに」と、戸建てを新築。落ち付いたと思った矢先の震災と原発事故だった。懸命に住まいを探し、10日あまりで、なんとか、いわき市内の狭い借り上げ住宅に移った。

12年8月。警戒区域の見直しで楢葉町はいずれ「戻る」地域とされた。昼の立ち入りも自由になった。ときどき、マイホームを見に行く。だが、ちらかった部屋を片付ける元気が出てこない。カギを閉めて家を出るときが、むなしい。

原発は大丈夫なのか。汚染を気にしなくていいのか。戻りたくても戻れない。この理不尽さをどうにかしたい。思いが深まるなかで、相談に乗ってもらった弁護士の広田が、多くの被害者救済に走る姿を見る。

弁護士と避難者の連絡役を買って出た。広田を通じ、宝鏡寺住職の早川篤雄とも知り合った。いわき市の仮住まいから早川のアパートまで歩いて数分だった。原発のことや過去の反対運動を聞いた。

12年11月14日。東電の賠償姿勢に納得できない人が原告団をつくった。原告団長は反原発で闘ってきた早川が務め、事務局長には金井が就くことになった。行動力が買われた。

（2014年10月11日）

ゆがんだ町になっちゃうね

楢葉町のマイホームから原発事故で避難を強いられた金井直子。趣味でバンド活動をしている。メンバーは楢葉町に住んでいた3家族7人。金井はコーラスとパーカッションを受け持つ。楽しみは「いわき街なかコンサート」での演奏。今年は10月18、19日にある。今度も参加するつもりだ。出れば11回連続となる。

メンバーとはPTAや子ども会で知り合った。それぞれ、夫の転勤などで楢葉町に居を構えた。3家族とも今は、いわき市などに避難している。気がねなく生活の不安や愚痴を言える仲だ。ほかの2家族も、金井の誘いで避難者訴訟の原告に加わっている。

楢葉町は2012年8月、警戒区域の見直しで、いずれ「戻る」地域に再編された。戻るのか、別の地で生きるのか。答えが見つからない。堂々めぐりだ。

バンドこそ続けているが、暮らしそのものが変わってしまった。

金井の夫は高校の同級生。自動車ディーラーで働く。表に出ないが、後ろから支えてくれる。避難後、ぼそりと言った。「何のためにウチを建てたか分からないな」

この夏。記者は金井とともに、楢葉町内のマイホームを見に行った。06年に建てた家の外見はまだ新しい。地震にもびくともしなかった。

室内は11年3月12日に逃げたときのまま。本や衣類が散乱している。夫が使っていたギターはほこりをかぶっていた。

13年春、東電は、この家に対する賠償請求書類を送ってきた。刷り込まれた金額は、避難しているいわき市で、新たに戸建てを買おうとするとまったく足りなかった。

楢葉町内の汚染土の仮置き場

後に、政府の審査会は、避難先での住宅購入を支援するため、家屋への賠償増額を打ち出した。楢葉町に戻る・戻らないの決断を迫られているように感じる。

町内には、除染廃棄物の黒い袋の置き場があちこちにできている。

金井はため息をもらした。「ゆがんだ町になっちゃうね」

復興庁の14年1月の楢葉町民に対する調査では、「すぐ戻る」は8％、「条件が整えば戻る」が32％、「戻らない」が24％、「判断できない」が35％だった。（2014年10月12日）

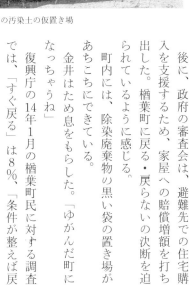

3 「ふるさと」を失ったのだ

「反対ばかりしてる」

「福島原発避難者訴訟」の原告団長になった楢葉町・宝鏡寺の住職、早川篤雄は、裏山に長い年月をかけて桜や紅葉《もみじ》を植えてきた。

四季を愛《め》でた。

茶室を建て、脇に池をつくった。

炭を焼いた。

詩吟や尺八を楽しんだ。

米や野菜は自給自足できた。

養蜂で蜜がいっぱい取れた。

マツタケ採りの名人だった。

しかし、そんな生活は、原発事故で一変した。

今、いわき市の2DKのアパートで妻の千枝子と暮らす。部屋には、自らが取り組んできた過去の裁判記録や、東京電力との交渉記録などが乱雑に積み上げられている。それを改めて読み解いている。

今度の裁判のなかで東電にただしたいのだ。なぜ、この地に原発をつくったのか。

東電福島第一原子力発電所が2008年に発行した『共生と共進——地域とともに』という冊子のコピーを手に入れた。東電が、大熊町に仮事務所を設けてからの「45年のあゆみ」を記したものだ。

なかにある年表の、1960年の記述が目に留まった。原発の適地かどうか確認する作業が順調に進んだ背景として、「原子力発電所の設置を決めてから、入念な根回しを行った」とあった。

入念な根回し——。

楢葉町と富岡町に立地する福島第二原発も同じはずだ。見つけた。67年の楢葉町議会の全員協議会の議事要旨に、県知事らの意を受けた町長らの発言があった。「地元の盛り上がりが具体化したという形でなければならな

避難先で資料を読む早川さん

い」

東電や県側が町の側からの誘致熱をつくりあげていたのではないか。

高校の国語教師をしていた篤雄が、福島第二原発の計画を知ったのはその数年後のことだ。75年に高教組の仲間や地域住民と第二原発の設置許可の取り消しを求めて提訴した。だが、84年の一審に続き、90年の控訴審でも負けた。

裁判長は判決で早川らに言った。「反対ばかりしていないで落ち着いて考える必要がある」「結局のところ、原発を推進するほかない」

最高裁でも92年、敗訴した。篤雄は思う。「あの裁判官たちは反省しているのか。私たちに何か罪はあったのか」

（2014年10月13日）

「喪失慰謝料」求めた

2012年12月3日。

「福島原発避難者訴訟」の原告団は福島地方裁判所いわき支部に訴状を出した。原発事故の避難者らが起こした日本で初めての集団訴訟だ。これを皮切りに、事故で避難している人々が全国各地で提訴する。

第1陣には、原告団長の早川篤雄をはじめ南相馬市と双葉、楢葉、広野3町の警戒区域から避難した18世帯40人が加わった。

訴状で「ふるさと（コミュニティー）喪失の慰謝料」という考え方を示した。原告の避難者たちに共通する思いを、東京電力に対する訴えに反映させようと、弁護士たちが打ち出した考え方だ。

11年初秋にさかのぼる。東電が避難者たちに賠償請求の案内を始めた。このころ、避難者の相談に応じていた弁護士の広田次男や米倉勉《よねくらつとむ》（56）たちは、新たな慰謝料の考え方が必要だと感じていた。

一人あたり月額10万円。東電が、精神的苦痛への賠償として示したものは、考え方も、示し方も、結果として金額も、納得できない。

放射能汚染の実態が明らかになる一方、一時帰宅で、朽ちていく自宅の惨状を日の当たりにし、たとえ、いつの日か避難が解除されても、元の生活はもう戻らない――。

こんな「ふるさとを失った」慰謝料の賠償を求めていくことにした。

問題は、具体的にどう訴えるか。いくらの慰謝料を求めるか。もちろん前例はない。ダムの造成だと隣の地区に集団移転が可能で、ばらばらになった原発事故の避難者と同じとは言えない。騒音公害も部分的な生活の破壊だ。

たどり着いたのが、交通事故の裁判の賠償額の基準。死亡慰謝料の最低が２千万円だった。原発事故の避難者も、積み重ねた人生を奪われたという意味で、同様に考えられるのではないか。

大きなヒントになったのが、強制隔離された元ハンセン病患者127人が起こした訴訟だ。1人1億1500万円の支払いを求めた。熊本地裁は01年5月、入所期間などに応じて800万〜1400万円の賠償を認め、確定した。

「ふるさとを追われたということでは同じではないか」。弁護団は、避難者にも確認して最終的に「喪失慰謝料」を一人あたり2千万円と決めた。(2014年10月15日)

かみ合わない議論

2013年10月2日。

「福島原発避難者訴訟」の第1回口頭弁論が開かれた。原告と被告の法廷での論戦がスタートした。福島地裁いわき支部で、いちばん広い1号法廷の44ある傍聴席は、原告らでいっぱいになった。

さっそく原告団長の早川篤雄が意見陳述に立った。いつもの黒の作務衣《さむえ》姿。堂々とした声が法廷にひびく。

「生活の糧《かて》となってきたこと、使命と思ってきたこと、心のよりどころ、喜び、楽しみ、生きがいのすべてを一瞬にして奪われました」

「(元の家に)戻らないという人々は今後増え続ける。私のお檀家でも事故以後2軒、お墓ごと寺を抜けていきました」

「どう考えてもふるさとが元に戻ることはない、ふるさとは消滅したという思いです」

続いて原告団事務局長の金井直子。途中で涙声になった。

「地域でのくらし、地域のコミュニティーそのもの、ふるさとそのものを失い、現在も原発事故からの避難生活を続けているのです」

「今の楢葉町は、除染と原発事故復旧の前線基地と化し、元の穏やかな温かい町ではありません」

東電はどういう姿勢か。弁論前の13年7月31日付で裁判所に出した答弁書では、こう述べる。「原子力損害賠償法3条1項に基づき、原子力損害賠償紛争審査会の定める指針に従って、賠償に応じる方針である」

要するに、原発事故で避難した人々の損害に対する賠償は、法律で、過失があろうとなかろうと、事業者が払うことになっている。だから、過失の審理は必要ないし、賠償金は指針に従って払う、という主張だ。

原告が聞くと、自分は悪くはないが法律と国の指針があるので支払う、と言っているように感じる。それでは納得できないから、「ふるさと喪失」慰謝料として、一人あたり2千万円を求めている。同じ思いで後に3次にわたり原告が加わり、計473人になった。

だが、議論はかみ合っていない。14年6月の第5回口頭弁論。裁判長は尋ねた。「原告全員に共通する事実は何があるのでしょうか」

弁護団の米倉勉が返す。「ふるさとから避難を余儀なくされ、もう戻ることはできない。その総体を被害だと言っている」

原告団は、それを分かってもらうためにも、裁判官に現場を見ることを求めている。

（2014年10月16日）

4　なぜ、裁判で闘うのか

すべてを汚された

第2回口頭弁論は2013年11月27日に開かれた。

この日は福島地裁いわき支部の法廷に、早川千枝子が立った。原告団長、早川篤雄の妻だ。事故前後の変化を語った。

教師を退職後、楢葉町内の障害者の施設で働いていた。60歳を超えてからの挑戦。新しい仕事に生きがいを見いだしていた。

ところが、大震災翌日の11年3月12日朝。町の防災無線が、いわき市に避難するようにと伝えた。あわてて、障害者12人と避難した。体育館で支援物資のおにぎりをみなで分け合い、体を寄せ合って温めあった。

しかし、混乱が続くなか、一緒に避難した、てんかん患者が亡くなった。市内の病院はほとんど休診で、薬が合わなかった。「避難生活さえなければ、今も楢葉の地で元気にいられたと思うと、とても悔しいです」

実母（当時90）も避難先を変えるうちに体調を崩し、肺炎で亡くなってしまった。

「失ったものは、大切な人たちだけではありません。私の思い出や生きがい、平和な暮らし、そのすべてを放射能で汚され、取り戻すことができなくなってしまいました」

努めて冷静に語った。事故のことを人前で話すと、いつも泣いてしまう。だから、泣かないように情景を考えないようにした。

遊びに来た孫（12）と撮った写真も意見陳述書に添付して示した。1枚は田植えの風景だった。機械に興味津々な孫が、篤雄の座る田植え機に上がった姿が写っている。

意見陳述では、そこまで話さなかったが、その田には今、除染した土を詰めた黒い袋が並ぶ。置き場がなければ除染は進まない。除染が進めば、いつかまた田植えができるかもしれない。夫婦で話し合い、田を提供することにした。

陳述の後半。昼間の立ち入りが自由になり、孫が一度だけ墓参りに来てくれたときのことを語った。暑い日だったが、長袖、長ズボンをはかせた。「土や水を触ってはダメだよ」。そう言い聞かせた。

「孫の戸惑った様子を見て、涙が出ました。私の築き上げてきた大事な故郷はもうここにはないいんだと思わされた瞬間でした」

（２０１４年10月17日）

かけがえのない場所

両手を後ろに、天をあおぐ。その石像は気持ちよさそうだ。

「福島原発避難者訴訟」原告団長、早川篤雄が住職を務める楢葉町・宝鏡寺。裏山をのぼったところにある小池のわき、50センチほどの石像がある。早川を模したものだ。

国語の教師だった。兼好法師の「徒然草」の一節が好きだ。

「存命《ぞんめい》の喜び、日々に楽しまざらんや」

秋、その小池には赤い紅葉の葉が落ちた。そこで中秋の月をながめる。わきには一升瓶。そんなように私は人生を楽しんだ、と残したい。それに、亡き後もここで月を楽しめたら。7、8年前、そう思い立つ。費用が安いと聞き、中国・厦門《アモイ》市に飛び、「こんなポーズに」と注文した。だが、原発事故で今は、原告団長として忙しい日々を送る。月を気楽にながめる余裕はない。何より、まだ避難生活が続く。デモ行進では先頭に立つ。避難先では東京電力の責任を追及しようと、資料を読み込む。

早川篤雄さんを模した石像

同じ弁護団が手がける、いわき市民による集団訴訟も傍聴する。事故で平穏な日常生活を奪われたとして慰謝料などを求めている。

早川は、頼まれて避難者の今を語るとき、「ふるさとを失った」ことをどう伝えるか、で悩む。

「私だと、ここに生まれ、今日まで生きてきた、となる。言葉にすれば、それだけだ。でも、ここを追い出された人々には、みな、それぞれの、ふるさとがあったんだ」

「避難者訴訟」はこれまで6回の口頭弁論が開

かれた。「公害事件で現場を見ないままの判決はありえない」と、原告は早期の現地検証を求めるが、裁判所はまだその判断を下していない。

東電広報部は「避難者訴訟」に関してのコメントを寄せた。「訴訟内容に関することについては回答を差し控えさせていただきますが、引き続き、訴訟において、ご請求内容やご主張を詳しく伺ったうえで、真摯《しんし》に対応してまいります」

原発事故の避難者や被害者の集団訴訟は、全国で少なくとも17の地裁・支部に及び、原告の数は8千人以上になる。

（2014年10月18日）

5 「納得できない」と集団訴訟に

早川さんらのように2011年の東京電力福島第一原発事故のあと、その賠償姿勢などを納得できないとして集団訴訟に訴える被災者が相次いだ。

私は「プロメテウスの罠・ふるさと訴訟」の最終回から半年あまり後の2015年5月5日付の朝刊1面で全国の状況をまとめた、内容は次の通りだ。

原発賠償原告、1万人規模に

東京電力福島第一原発事故による被災者らが、東電を相手に原状回復や慰謝料などを求めた集団賠償訴訟の原告数が1万人に達する見通しになった。政府が事故後に決めた枠組みに沿って東電が被災者に賠償金を支払っているが、これに納得できない被災者が多数いることを示している。

訴訟を支える「原発事故被害者支援・全国弁護団連絡会」によると、原告数は4月末現在で計9992人に達した。15年に入っても約900人増えており、1万人超えは確実だ。ほとんどの訴訟が国家賠償法に基づいて国も訴えている。

これまでの公害裁判では、沖縄県の米軍嘉手納《かでな》基地の周辺住民が11年に騒音被害などを訴えた第3次訴訟の原告数が2万人を超える。福島の原発事故をめぐっても異例の大規模な集団訴訟となる。

原告は避難指示区域からの避難者や区域外の自主避難者、住民ら。福島県双葉郡などからの避難者が12年12月に起こしたのを皮切りに、札幌から福岡まで20地裁・支部で25件の裁判が起こされている。

原発事故の賠償をめぐっては、政府の原子力損害賠償紛争審査会が賠償の指針をまとめ、それに沿って東電は、避難生活への慰謝料や営業損害などの賠償金を支払ってきた。しかし、原告らは、これに納得せず、放射線量率が下がるまでの慰謝料や、「ふるさと喪失」への慰謝料などを求めている。（記事から）

あの福島第一原発をめぐり納得できず、裁判に訴えている人がこれだけの数になっていることを国は、もっと重く見るべきではないか。なぜ、それだけの数になっているのか。私は、こんな解説も書いた。

被災者の不満あらわ

東京電力福島第一原発事故の被災者らが起こした集団賠償訴訟の原告の数が1万人規模になった。原発事故の償いで、被災者らの納得を十分に得られていない実態を示している。公害裁判に詳しい立命館大学法科大学院の吉村良一《りょういち》教授は、1万人という規模について「事故後につくられた賠償の枠組みの限界を示している」と指摘する。

例えば、政府の原子力損害賠償紛争審査会は2011年8月、賠償の目安となる中間指針をまとめたが、被災者の声を十分聞いたとは言えない。とくに自賠責保険を参考に一人あたり月10万円の避難慰謝料が決められたことに、「納得できない」とする原告が多い。

政府によって一方的に避難指示区域などが設定されたとの不信感も強い。さらに、その区域以外の住民や自主避難者たちへの賠償や支援策が「極めて不十分だ」との声も多い。

事故の責任の所在がはっきりしないことにも被災者は不満を募らせている。事故時の賠償方法などを定めた原子力損害賠償法は、過失の有無にかかわらず事業者が賠償するため、東電の責任はあいまいなままだ。

事故を「人災」と見る原告らの思いと賠償の枠組みとの間に溝がある。「国策」として原発を進めてきた国が責任を認めようとしないことへの不満も根強い。

集団訴訟は形のうえでは慰謝料を求めているが、訴状の一つには「事故による被害は福島を最後にしてほしい」との原告の思いが記されている。原告らの本当の狙いは原因と責任を明確にし、原発事故を二度と起こさせないことにある。

（記事から）

早川さんらの福島第一原発事故の避難者が東京電力に損害賠償を求めた福島地裁いわき支部での集団訴訟は17年10月、結審した。判決は18年3月の予定だ。

全国を見渡すと、その後、原発事故をめぐる集団訴訟はさらに広がっている。すでに原告勝訴の地裁判決も出ている。17年3月、群馬県内に避難した住民らが前橋地裁に起こした集団訴訟の判決は、国と東電はともに津波を予見できたと指摘、事故は防げたのに対策を怠ったと認め、62人に計3855万円を支払うよう命じた。後日、国と東電は控訴している。

第6章　津波への対策は十分だったのか

「原子力村」に、大自然に対する畏敬の念は、あったのだろうか――。

前章では、集団賠償請求訴訟に訴えている2011年の福島第一原発事故の被災者らの声を聞いたが、この第6章では、賠償訴訟だけでなく刑事告訴でも焦点になっている東京電力の津波対策を取り上げる。

あの原発事故を振り返るとき、誰もが不思議に思うのは、なぜ、広大な太平洋に面していながら津波に対する十分な備えをしていなかったのか、ということだ。

「安全神話」に浸りきっていた最たる事例ではないか。それで私なりに東電の津波対策の実態を知りたい、伝えたい、と再び連載「プロメテウスの罠」に立候補した。

それで集団賠償訴訟や刑事告訴の場に出ている証拠や証言を借りて、真相に近づくことができたらと挑戦してみた。その取材結果が、「津波を争う」をタイトルにした15年7月～8月の計25回の連載記事だ。

連載を終えても残る疑問は、こんな危険性を持つ原発の運転を、利益を追い求める民間企業に委ねていていいのか、ということだった。もっと言えば、私たち人類はこの原発というものを、将来世代に手渡すべきものなのかと正直、考えさせられた。

以下、「津波を争う」に書いた福島地裁での集団訴訟の話から始める。後半で刑事告訴の話に移る。

１　１枚のＣＤ－ＲＯＭに

カギは巻末にあった

２年前の２０１３年夏。

東京の弁護士・久保木亮介《くぼきりょうすけ》（44）は夏休みを使い、福島地裁に出す民事訴訟の準備書面を書き進めた。仕事がはかどるからと、自宅近くのファミリーレストランにこもった。

各地の裁判所には、福島県内の住民や避難者らが相次いで、東京電力と国に慰謝料などを求める集団訴訟を起こしていた。福島第一原発事故で平穏な生活を奪われたなどとの訴えだった。

このうち、『「生業《なりわい》を返せ、地域を返せ！」福島原発訴訟』は、原告数が全国最多の約４千人に膨らんだ。この「生業訴訟」の原告弁護団で、事故前の津波対策を検証する班のキャップが、久保木だった。

「津波に対する備えの面から東電と国の過失の追及を」。弁護団の役割分担で白羽の矢が立った。資料あさりが得意なのを見込まれた。

ただ、津波の知識はゼロ。関係する資料を読み込むうち、津波の問題が裁判の行方を決める重要なカギだと分かってきた。

もともと原発の敷地は、高さ30～35メートルの丘陵地だった。建設にあたり、20メートルほど掘り下げられた。こうして1～4号機は基準の海面から10メートルの高さにつくられた。そこに11年3月、東日本大震災の津波が襲った。

浸水高は高いところで15・5メートルに及んだ。4階建てビルに相当する。配電盤などが水をかぶり、電源を失ったことで、1～3号機は原子炉の炉心を冷やせなくなった。炉内の燃料棒は溶け落ち、放射性物質を放出する事態を招いた。

この大津波について、東電が出した「福島原子力事故調査報告書」（12年6月公表）はこう記す。「想定を大きく超えるものであり、結果的に備えが足らず、津波の被害を防ぐことができなかった」

果たしてそうなのか。本当に想定外だったのか。

久保木は膨大な資料を調べるなかで、1枚のCD－ROM（記録媒体）を見つける。国会事故調査委員会がまとめた報告書の巻末に付けられていた。いわば「おまけ」だ。パソコンで中身を開いてみると、弁護団にとって重要な資料が収められていた。

（2015年7月27日）

「影響あり」に釘付け

大津波で施設が水没して、電源を失い、原子炉内を冷やせない。燃料棒が溶け落ち、放射性物質を放出する重大事故が起きる——。

そんな恐れを電力会社と国はあらかじめ知り得たはずだ。

東京電力福島第一原発の事故をめぐり、福島県民らが起こした「生業訴訟」。原告弁護団の久保木亮介は、福島地裁に出す準備書面に原発事故前の東電の津波対策をまとめつつあった。

報告書とCD-ROM（手前）

2013年。原発事故から3年目の夏が過ぎようとしていた。

大きな武器になったのが、国会事故調査委員会の報告書（12年9月刊行）に付いていたCD-ROMだった。

パソコンで中身を開き、内容を熟読した。収められた参考資料は237ページ。そのうち津波対策に関連するのは8ページだけ。だが、その最初にあった一つの表に驚いた。

原発事故より11年前の00年、東電など大手電力会社でつくる業界団体・電気事業連合会（電事連）の部会に報告された、とある。

「津波に関するプラント概略影響評価」。全国の原子力施設で非常用機器に津波が与える影響を分析し、一覧にまとめたものだった。

数値解析に誤差が生じることを考慮し、想定の水位の1・2倍、1・5倍、2・0倍のケースで影響の有無を記す欄があり、○印（影響なし）と×印（影響あり）で示されていた。

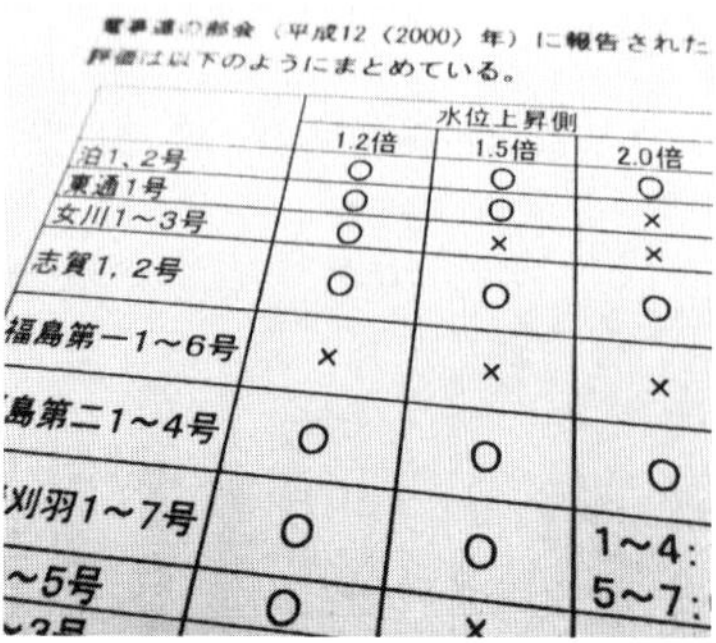
電事連の部会（平成12（2000）年）に報告された
評価は以下のようにまとめている。

	水位上昇側		
	1.2倍	1.5倍	2.0倍
泊1、2号	○	○	○
東通1号	○	○	×
女川1～3号	○	×	×
志賀1, 2号	○	○	○
福島第一1～6号	×	×	×
島第二1～4号	○	○	○
刈羽1～7号	○	○	1～4: 5～7:
～5号	○		
～3号		×	

×印が並んだ福島第一原発

この一覧表の「福島第一（原発）1～6号」に目が釘付けになった。2・0倍どころか、1・2倍ですら×印が付いている。想定の1・2倍の水位でも×印が付いているのは、福島第一原発のほかには島根原発（松江市）だけだった。

分厚い報告書の本編には、関係する記述があった。「福島第一原発は想定の1・2倍で海水ポンプモーターが止まり、冷却機能に影響が出る」

この電事連の部会のさらに3年前。1997年の会合の記録を残した電事連の資料も、

ＣＤ－ＲＯＭは収めていた。

津波の高さの想定などをめぐり、原発行政を担う通商産業省（当時）が電力各社に対し、ある要請をしている。そんな記述があった。

「仮に今の数値解析の2倍で評価した場合、その津波により原子力発電所がどうなるか」「対策として何が考えられるか」。その提示が求められたようだった。（２０１５年7月28日）

推論が膨らんでいく

福島第一原発の事故に関する参考資料を収めた1枚のＣＤ－ＲＯＭ。国会事故調査委員会の報告書に添付されていた。

そこに埋もれた内容に、「生業訴訟」原告弁護団の久保木亮介は注目し、読み解きを急いだ。電気事業連合会（電事連）の内部資料で、原発の津波対策にかかわる重大な情報を含んでいた。

一つは、１９９７年6月にあった会合の議事録。

想定する津波の高さを2倍にしてみたら、原発にどんな影響が出るのか……。原発行政を担当する通商産業省（当時）が電力会社に、検討するよう要請していたことが、議事録の内容からうかがえた。

もう一つは、その3年後の2000年に電事連に出された一覧表。津波が全国の原発設備に与える影響を、想定の1・2〜2・0倍の水位別に○印（影響なし）や×印（影響あり）でまとめたものだ。

原告弁護団で津波対策の問題を担当する久保木は、考えた。

「この2つは問いと答えの関係にある」

つまり、11年3月の原発事故の10年以上も前、国の求めに業界が応じ、津波が原発に与える影響を評価していた、との見立てだ。

ここに至る経緯は国会事故調査委員会の報告書本編や、11年12月に出た政府の事故調査・検証委員会の中間報告などに整理されている。

93年、北海道南西沖地震が発生。大きな津波で北海道の奥尻島が大打撃を受けた。それで運輸省や建設省（いずれも当時）など国の関係省庁が津波の防災対策を検討し始めた。

97年、最新の地震学を踏まえた報告書（4省庁報告書）がまとまる。その参考資料は太平洋沿岸部の市町村別に想定津波の高さの平均値を載せていた。

例えば、福島第一原発がある福島県の大熊町は6・4メートル、双葉町は6・8メートルとなっていた。ただ、原発の立地を考慮したものではないうえ、津波の高さを数値解析する場合、精度には誤差があり、半分〜2倍もの違いが出る。

それで、電事連に出された一覧表もつくられた。では、各原発の想定の2倍の計算値そのものはないのか。業界は出しているはずだ——。

13年の夏。福島地裁に出す準備書面を書き進める久保木のなかで、推論が膨らんでいった。

（2015年7月29日）

2　「ない」はずの資料が

試算が必ずあるはず

2013年、秋が近づく。

あの事故が起きる前、東京電力福島第一原発の津波対策はどうだったのか。原発事故をめぐる民事訴訟のうち、原告数が最多の「生業訴訟」弁護団の久保木亮介は、準備書面を書き上げた。

津波対策を検証する班で手分けして資料を探し集めた。それらを夏休みをつぶして読み込み、分析した。班での討論も重ね、東電には事前の津波対策で過失があったとの主張をまとめる。

大きな根拠の一つに、津波が各地の原発に与える影響を○印と×印でまとめた一覧表の存在を挙げた。原発事故より10年以上も前につくられた、と見られた。

国会事故調査委員会の報告書に添えられたCD-ROMに、業界団体・電気事業連合会（電事連）の内部資料として収められていたものだ。

津波の水位を想定の1・2倍、1・5倍、2・0倍という三つのケースで検討すると、どうなるか。福島第一原発はいずれのケースでも、一覧表で×印（影響あり）が付いていた。

久保木は国会事故調査委員会の報告書の記述を準備書面に引用した。「1・2倍で冷却機能に影響が出ること、津波に対して余裕の小さい原発であることが明らかになった」

さらに、様々な資料から、過失にあたると見られる事例を書き加えた。最後にこう締めくくる。「東電は地震・津波により原子炉施設が水没して全電源喪失に陥り、炉心が溶融し放射性物質が施設外へ大量放出されるという重大事故が発生する可能性を認識しえた」

要するに、一定規模の津波で危険な事態や被害が発生することは、あらかじめ見通せたという指摘だ。53ページに及ぶ準備書面を、本格審理に入った福島地裁に出した。

「一区切り」と息を付く一方で、「それにしても」と久保木には、ずっと気になることがあった。CD-ROMには、一覧表の結果を導くのに不可欠な津波の高さの数値そのものがなかった。

×印を示すための前提として、その計算過程と結果がきっと、どこかにあるはず。間違いない――。

季節は秋から冬へと移ろうとしていた。

想定津波のシミュレーションや一覧表に関する資料を東電や電事連は提出するよう、11月1日付で福島地裁に申し立てた。

（2015年7月30日）

資料は「現存しない」

これに東電は「応じかねる」との姿勢を回答書で示した。「原賠法（原子力損害賠償法）は、原子力事業者に無過失での民事賠償責任を負わせている」といった理由からだ。つまり、原発事故の被災者の損害に対する賠償は、過失があろうとなかろうと、法律で電力会社が払う決まりだ。だから過失の審理は不要で、そのための資料を出す必要もない、という主張だった。国も当時の対応について、「資料が現存しないため、確認できない」と準備書面で答えた。

津波の高さの想定や試算は、東電が12年6月に出した事故調査報告書などにまとめられている。この報告書や11年末の政府事故調査・検証委員会の中間報告などから、原告弁護

福島第一原発 津波の想定や試算

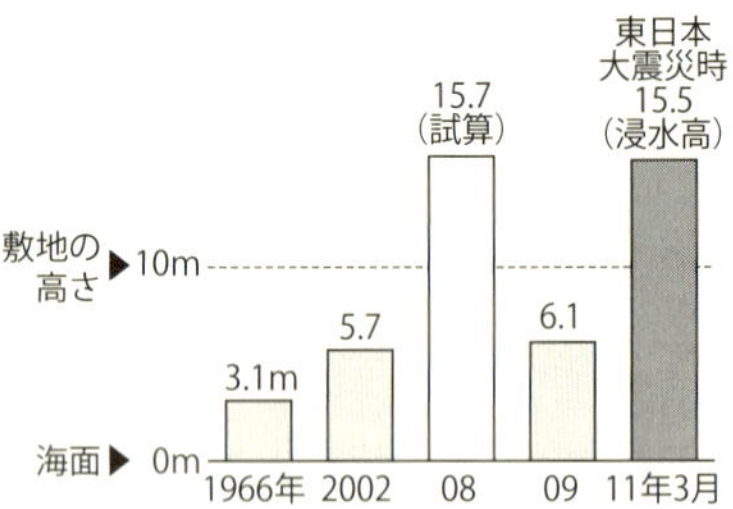

団も東電が想定・検討した津波の変遷をたどっていた。

それは、1号機の設置許可を申請した60年代から今世紀へと続く。

①66年＝3・122メートル
②02年＝最大5・7メートル
③08年＝最大15・7メートル（試算）
④09年＝最大6・1メートル

1号機の建設時、約55キロ先の福島県・小名浜《おなはま》港で60年のチリ地震津波により観測された潮位を準用（①）。

71年の運転開始から約30年後、産官学の土木技術者による土木学会がつくった津波の推計手法に基づき、想定を見直した（②）。

東日本大震災の約3年前、国の地震調査研究推進本部の見解に基づき、三陸沖の波源《はげん》（発生源）モデルで試算すると、最大15メートル超の浸水高を得た（③）。

09年には、土木学会の手法で再び評価し直した（④）。

この流れに00年ごろの試算はなかった。が、原告弁護団の申し立てから約8カ月後、状

況は一変する。「ない」はずの資料があった。（2015年7月31日）

「2倍値」資料あった

2014年7月14日夜。弁護団事務局長の馬奈木厳太郎《まなぎいずたろう》（39）が勤める東京の弁護士事務所で、ファクスが鳴った。

流れてきたのは、新たに国が福島地裁に出した書面一式。そのなかには、国が一度は「ない」と答えたはずの資料も添付されていた。

すでに福島入りしていた馬奈木らの手元に届くのは、翌15日の口頭弁論の直前。訴訟戦術を練る南雲芳夫《なぐもよしお》（56）、津波対策の検証担当・久保木亮介ら弁護団は、開廷時間を気にしつつ、書面を一気に読み込んだ。

「こりゃ、すごい」。馬奈木が声を上げた。

書面にはこうある。「電力会社らから提出されたと認められる資料を確認した」

その資料は、久保木ら原告弁護団が求めていたものに近い電力業界団体の内部文書と見られた。

原発事故より14年前の1997年7月25日付で、「『太平洋沿岸部地震津波防災計画手法調査』への対応について」と題されている。

4カ月前に、地震・津波対策に取り組む運輸省（当時）など国の関係省庁が報告書（4省庁報告書）をまとめた。そのデータをもとに、太平洋に面した原発について、津波の影響を評価した一覧があった。想定津波の高さに対し、計算の誤差を考慮して、2倍にした数値（2倍値）も存在した。

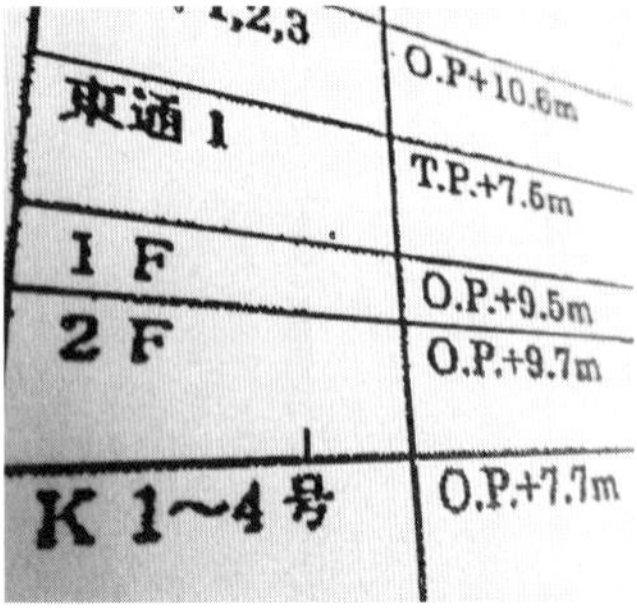

2倍値の資料（1Fは福島第一）

敷地が海面から高さ10メートルの福島第一原発の2倍値は、それに近い9・5メートルだった。その横には「非常用海水ポンプのモーターが水没する」と記述され、対応策には「水密モーターの採用」が示されていた。

資料の入手から2カ月後。9月の法廷で、久保木はこう主張を展開した。

――事故のずっと前から東電と国は、津波が敷地の高さを超える危険性を明確に知っていた。

（2015年8月1日）

国「あくまで参考値」

2014年9月。

「管理の一環として書庫内の文書の確認作業を行った際、……文書が存在することが判明した」「一部調査を尽くしていなかった書棚があった」

「現存しない」はずだった資料が出てきた経緯を、国は裁判の準備書面で説明した。

東京電力福島第一原発の事故に関し、津波の想定をめぐる争いが続く「生業訴訟」で、その埋もれていた資料が書証として審理のテーブルに載せられた。

原発事故より14年前の1997年、電力業界団体が内部文書としてつくったものと見られた。地震・津波対策に取り組む国の関係省庁が同じ年、津波防災対策を検討した報告書（4省庁報告書）をまとめた。これを受けるかたちで、各地の原発について想定津波の高さを2倍にしたデータ（2倍値）が含まれていた。

敷地が海面から高さ10メートルの福島第一原発は、2倍値で割り出した津波の高さがそれより50センチ低い9・5メートルとされた。

津波が敷地の高さを超える可能性はあるのか、ないのか。それが原発の安全確保にとって「決定的な分岐点」と弁護団は主張した。

裁判の準備書面を通じて、激しい攻防が繰り広げられる。対する国は、こう反論した。

――事故に至るかどうかは、地震や津波に伴う被災の範囲や程度など「様々な要因」で定まる。だから、「単に敷地の高さを超える津波が到来したというだけでは、事故が発生したとは認められない」。

そもそも、2倍の試算で高さ9・5メートルという津波は、原発の敷地の高さである10メートルを超えていないではないか。そんな指摘も加えた。

さらに、2倍値は「あくまで参考値に過ぎない」とし、「試算結果による水位の津波が到来するとの具体的な予見可能性を基礎づけるものとはいえない」と続ける。

要するに、参考程度の試算があるからと言って、事故につながるような大津波は予測できなかった。そういう主張だ。では、国とともに審理のテーブルに付く東電は、どう反論を展開したのか。

（2015年8月2日）

東電「精度高くない」

「最大15・5メートルに及ぶ浸水高の津波により、相当量の海水が圧倒的な水圧で建屋地下まで浸水・冠水したことにより引き起こされた」

東京電力は2014年9月、福島第一原発事故と事前の津波想定についての準備書面を福島地裁へ出した。原告側の主張に対する全面的な反論だった。原発に押し寄せる津波をもたらしたのは「過去に想定されていなかった連動型巨大地震」と指摘した。

原告弁護団が言うように、原発施設の敷地の高さに相当する「約10メートル超の津波」

を想定し、何らかの対策を仮に取っていたとしても「事故を回避することが可能であったなどと軽々にいうことはできない」との主張を展開した。

国の機関の書庫内に埋もれたまま、一度は「ない」とされた電力業界団体作成と見られる内部文書をめぐっても、批判を加えた。

原発事故より14年前の１９９７年、地震・津波対策に取り組む国の関係省庁が、津波防災対策を検討した「４省庁報告書」をまとめた。それをもとに高さを2倍にした福島第一原発の想定津波（2倍値）は９・５メートルと記されていた。原発の敷地の高さに近かった。原告弁護団は東電などの過失を立証する「重要な書証」として、その文書を審理のテーブルに引っ張り出していた。

これに対して東電側は、この2倍値のベースとなった国の４省庁報告書について、原発の設計にあたっての想定津波の設定を目的にしていないし、概略的な計算式を示しただけ、などと反論した。つまり、精度が高くないうえ、事故を予見できたとするような議論にはつながらない、という主張だ。

00年代、東電は防災対応の前提となる津波を最大でも高さ6メートル前後と想定。それをはじき出すのに、土木学会の手法を用いた。

原告側はこの手法をつくった学会の部会に多数の電力会社社員がいたと問題視したが、東電はこの手法こそ精緻《せいち》な分析が可能で「国際的にも評価されていた」と正当性を訴えた。

13年3月の提訴から1年半、審理は山場を迎えた。東日本大震災が起きる11年3月以前、原発の津波想定は本来、どうあるべきだったのか。

原告の被災者らと、被告の東電・国の主張は真っ向から対立している。

（2015年8月3日）

十数年の議事録精査

2014年晩夏。

福島第一原発事故前の津波想定をめぐる攻防は、「生業訴訟」の法廷を舞台に、一段と激しさを増した。

大きなきっかけをつくったのは、たった1枚のCD-ROM（記録媒体）だった。

国会事故調査委員会がまとめた分厚い報告書（12年9月刊行）の巻末に添付されていた。なかには、東電など大手電力会社でつくる電気事業連合会（電事連）の内部文書が埋もれていた。この文書を足がかりに、国の書庫内に眠っていた関連データも、審理のテーブルへと引っ張り出された。

原告弁護団は、これらを「重要な証拠」と位置付け、福島地裁の司法判断にゆだねた。

その電事連の「埋もれた内部文書」はなぜ、CD-ROMに入ったのか。一人のフリージャーナリストの存在が浮かび上がる。

原発事故から9カ月後の11年12月。国会は独自の事故調査委員会をスタートさせた。委員長と委員計10人が、国会の承認を経て衆参両議院の議長により任命される。

委員の一人に、神戸大学名誉教授の石橋克彦《かつひこ》（71）がいた。1995年の阪神・淡路大震災後、地震と原発災害が複合する「原発震災」を警告してきた学者だ。

委員となり、手助けしてくれる協力調査員を探していた石橋は、旧知のジャーナリストを思い出す。「手伝っていただけませんか」。11年の暮れ、添田《そえだ》孝史《たかし》（50）に電話を入れた。新聞記者時代、地震・津波や原発といった分野を取材していた添田は11年5月に新聞社を退社後、「暇にしています」と近況を石橋にメールで送っていた。

二つ返事で引き受けた。添田自身、原発事故と津波の問題を調べてみたいと思っていたからだ。

年が明けた春、協力調査員になっていた添田は東京都心の超高層ビルに通い詰めた。その一室には、電事連の残した過去十数年分の会合議事録が足の踏み場もないほど並べられていた。

重要なところに付箋《ふせん》をはり、コピーを取る。夜はコピーを読みながら、別の資料と照合

する。その繰り返しだった。（２０１５年８月４日）

3 警告は無視されたのか

警告したはずだった

福島第一原発事故をめぐり、国会が独自に設けた事故調査委員会の報告書は、発足から約7カ月を費やしてまとめられた。

10人の委員を支える協力調査員の添田孝史らが、事故前へとさかのぼりながら、膨大な文書・資料をたどる作業にあたった。最終的に、東京電力や国にとっては厳しい指摘が盛り込まれた。

「自然災害でなく人災」。なぜ、報告書はそこまで踏み込んだのか。調査・検証を通じて委員たちが重く見たもののなかに、大津波を引き起こす地震の発生を予測した「警告」の存在があった。

２０１５年5月19日、福島地裁。一番広い２０３号法廷の傍聴席は、「生業訴訟」を起こした福島県の住民ら原告でほぼ埋まった。

訴訟は、それまでの準備書面を中心としたやり取りから、専門家の証人尋問へと進んでいた。開廷から間もなく、廷内中央の証人席に元東大地震研究所准教授の都司《つじ》嘉宣《よしのぶ》（67）が座った。

東日本大震災が起きた4年前。都司はテレビ局に呼ばれ、報道番組で津波の解説をした。それで顔が知られるようになった地震学者だ。

古文書を読み解き、過去の地震・津波の実像を明らかにしてきた。昔のことだけでなく、今でも地震・津波が起きれば、すぐに現場へ飛び出していく。

大学を定年退職していた1年半ほど前。原発事故以前に発せられた「警告」の重みについて教えを請いたいと、原告弁護団に求められた。

講師役を務める勉強会は回を重ねた。やがて弁護団に口説かれた。

「地震・津波の専門家として、証言台に立っていただけませんか」

抱く思いはすでに、被災者ら原告、その弁護団と同じだった。

「大きな津波が起きる恐れを、警告したはずだった」

大震災の9年前。都司ら専門家らがまとめた政府の報告書は、太平洋沿岸部の広い地域に大きな津波をもたらす地震が起きる可能性を打ち出していた。

都司嘉宣さん

長年の研究に基づく自説を述べればいいだけ。その点では難しくない。だが、証人は手元にメモを持てない。発言は裁判記録に残る。緊張しないだろうか。

思い巡らせつつ、手元にはのどの渇きを癒やすため、お茶のペットボトルを置いた。

都司が宣誓し、原告側弁護士の主尋問が始まった。

（２０１５年８月５日）

「30年以内に20%」

15年5月19日。

福島第一原発事故前の津波対策について、原告弁護団で検証を担当する久保木亮介が住民側の主張を立証する主尋問に立つと、都司嘉宣との一問一答が始まった。

「まず先生の経歴は……」「専門分野は何でしょうか」

都司は２０１２年まで東大地震研究所の准教授だった。歴史上の地震や津波の研究で知られる。在職中は長年、専門家を集めた政府の地震調査研究推進本部（地震本部）の委員も務めた。

「歴史地震の専門家としての知見を、津波の予測に生かす活動を実践されていたと?」

そう尋ねる久保木に、都司は返した。「その通りです」

地震本部は、甚大な被害をもたらした1995年の阪神・淡路大震災を教訓に、防災対策を強化しようと、同じ年に設けられた。

どの程度の地震がどこで起き、その確率はどれくらいか、を予測することが大きな役割の一つだった。

専門用語で「長期評価」（長期予測）と呼ばれるものだ。

地震本部は02年、一つの長期予測を報告書にまとめる。東日本大震災より9年前のことだった。

そのなかでこう打ち出した。

――東北地方の「三陸沖北部」から関東地方の「房総沖」まで太平洋に横たわる「日本海溝寄り」の場所は、どこでもマグニチュード（M）8クラスの地震が「今後30年以内に20%程度の確率」で起き得る。

この南北に細長く延びる帯状の領域は、海底がほぼ同じような地質構造と見られるためだ。具体的な発生エリアは、青森～千葉県沖の広い海域にあたる。東日本大震災の震源域と重なる宮城、福島県沖も含む。

規模は、未曾有の東日本大震災のM9・0に比べれば小さい。が、揺れの割に大きな津波を引き起こすタイプの「津波地震」を想定した。

こうした説明を、証人席の都司は証言として一つひとつ重ねた。

02年の長期予測について、久保木がさらに尋ねた。「日本海溝付近で過去に起こった津波地震として3つを挙げていますね」

都司は答えた。

「はい」

（2015年8月6日）

400年で津波地震3回

予測の根拠には、約400年前から古文書などに残された災害記録の存在がある。

▽1611年＝慶長三陸地震

▽1677年＝延宝房総沖地震

▽1896年＝明治三陸地震

江戸から明治時代にかけ、3つの津波地震が起きていた。いずれも揺れは小さいのに津波の被害は広い範囲に及んだ。明治の地震の津波は最大38メートル超もの規模だった。

証人の都司嘉宣は、地震本部の委員として予測の作成に携わった。

明治の地震について弁護士・久保木亮介が「津波の犠牲者は？」と尋ねた。都司は答える。「2万2千人ほどの方がお亡くなりになりました」

長年にわたる歴史上の地震や津波の研究に裏打ちされている。

続いて延宝の地震をめぐる質問に、都司が返す。「震源は房総半島の近くにある。ところが、北は仙台の近くまで津波が及んでいる」

慶長の地震については「(北は) 北海道の日高地方まで。南は福島県の現在の相馬市で、大きな津波被害が出ました」と解説した。

2002年の長期予測の資料

都司はそうした説明のあと、この予測の信頼度について述べた。「同じ性質の場所で４００年に３回も起きているわけですから、将来も同じような確率で同じような地震を繰り返すと考えるべきです」

２０１１年の福島第一原発事故より前、東京電力はこの予測ではなく、土木学会がつくった別の推計手法に基づき、津波を想定した。この手法は、日本海溝沿いの福島県沖などに震源域を置かず、そこは空白域となっていた。

都司は、土木学会の図面をもとに証言した。「この空白のなかに（津波地震が）起きる可能性は無視できない。重大な欠陥があります」（２０１５年８月７日）

学者としての確信

外はうだるような暑さだった。

２０１５年7月21日。福島地裁２０３号法廷の証人席に、都司嘉宣が再び座った。空調の利きが悪いのか汗が乾かない。

福島県の住民ら側の証人として出廷し、主尋問を終えて２ヵ月。今度は、被告の東電や国側による反対尋問を受ける。

福島第一原発事故前の地震・津波予測をめぐり、専門家としての証言を求められた。焦点は、都司が委員として作成に携わった一つの長期予測。専門家を集める政府の地震調査研究推進本部（地震本部）が、東日本大震災より9年前の２００２年にまとめた。青森〜千葉県沖の日本海溝寄りの海域で、大津波を引き起こす「津波地震」が30年以内に20％程度の確率で起きる可能性を打ち出した。

この海域では過去４００年ほどの間に3回、「津波地震」が発生していたことが根拠だった。1611年の慶長三陸、1677年の延宝房総沖、1896年の明治三陸の地震である。

この予測について国と東電は、信頼性が低かったという立場だ。被告側弁護士は当時の地震本部の議事メモをもとに様々な意見があった点を指摘し、都司に確認を求めた。

「千島（海溝沿いで起きた地震）の可能性だってある」——三陸沖が震源とされる慶長の地震をめぐり、こうした委員の発言を採り上げ、国の弁護士は「（地殻変動が起きた）波源域は不明では」と尋ねた。

古文書の記録をもとに、都司は「三陸沖でないといけない。そう考えるのが普通だ」と返す。

当時の細かい発言記録をもとに、議論が拙速に進められた、との見方を被告側弁護士は示そうとしていた。

都司にしてみれば、毎回濃い議論をしたうえで、最終的に予測として一つにまとめ上げたつもりだ。「途中の発言をあげつらうのはフェアでない」と、証人席で思った。

国の弁護士は別の問いを投げた。「（予測が示す）海域のどこで地震が起きるか分からない。では、どう対策を打てばいいか」

都司はムキになって答えた。「例えば1000年に1回で場所があいまいでも、人の命と原子力、この2つの対策を考えればよろしい」

大震災のあと、都司は地震学者としてそう確信していた。

（2015年8月8日）

最大15・7メートルの試算

都司嘉宣が2015年5月と7月の2度にわたり、証人として福島地裁の法廷に立ったのには、訳があった。自分もかかわった「警告」がないがしろにされている――。

3年余り前の退職まで東大地震研究所で学究に励んだ。在職中は、専門家を集める政府の地震調査研究推進本部（地震本部）の委員も引き受けた。今も研究論文を書く。

福島第一原発の事故前の津波想定が争点になった「生業訴訟」では、2002年に地震本部が出した津波地震の発生に関する長期評価（予測）に対し、東京電力と国は信頼性が低いとの立場を取っている。

「それはおかしい。いずれ大きな津波を起こす地震があると警告を出した。ちゃんと長期評価に明記している。法廷でそう言いたかったんです」。これが都司の思いだった。

東電自身も、警告としての重みに疑問を呈する02年の予測に基づき、08年に津波の高さを試算していた。

それを明らかにしたのは、政府の事故調査・検証委員会が11年12月に出した中間報告の指摘だった。「東電は、福島第一原発の敷地南部で15・7メートルといった想定波高の数値を得た」

原発の敷地の高さ10メートルを超えていた。福島第一原発を11年3月に襲った津波の浸水高は高いところで15・5メートルに及んだ。

この08年の試算をめぐり東電は、12年6月に出した事故調査報告書でこんな説明をしている。

――06年に改定された国の耐震指針に基づく原発の耐震バックチェック（安全性評価）が求められ、地震本部の02年予測について「どのように扱うかを社内において検討するための参考」として、「仮想的な試し計算」をした。

それが「最も厳しくなる明治三陸地震の波源モデルを福島県沖の海溝沿いにもってきた場合」の試算結果としての最大15・7メートルだった。

民事訴訟の法廷で都司が述べた証言によれば、1896年の明治三陸地震の津波は最大38メートル超。死者約2万2千人を数えた。試算とは言え、原発を襲った東日本大震災並みの大津波が起きる可能性を、東電は事故の3年前に予見していたのではないか。

刑事責任を問う動きでは、この「15・7メートル」の扱いが最大の焦点になっている。

（2015年8月9日）

こうした「生業訴訟」など集団賠償訴訟と、東電の元経営者らを対象とした刑事告訴・裁判が、津波対策を共通の焦点としてつながっていく。

4 「起訴すべき」と検察審査会

「事故は回避できた」

2015年7月31日昼すぎ、都内。

東京第五検察審査会の事務局から、「福島原発告訴団」の弁護団代表・河合弘之《かわいひろゆき》(71)の弁護士事務所に電話が入った。

福島第一原発事故に関し、検察審査会が出した2度目の「議決の要旨」を渡す。事務局の職員から、そのように告げられた。

河合は、弁護団の海渡雄一《かいどゆういち》(60)や、福島県から上京していた告訴団の団長・武藤類子(61)らと、待機していた事務所を慌ただしく出た。

炎天下、検察審査会の事務局も入る東京地裁の門を抜ける。3階の受付で、待ち望んだ書面を受け取る。全部で31ページ。すぐに目を通した。結論は2ページ目の冒頭にあった。

「起訴すべきである」

東京電力の元経営陣・勝俣恒久、武黒一郎《たけくろいちろう》（69）、武藤栄《むとうさかえ》（65）の3人について、1年前に続き、同じ結論が出された。

地裁の前に戻った告訴団長の武藤らが、待ち構える報道陣の前に2つの旗をかざす。団長の武藤は「市民の正義」、弁護士の海渡が「強制起訴」の文字を掲げた。

検察が2度にわたり下した判断に対し、市民から選ばれた検察審査会メンバーが逆の結論を繰り返し議決し、原発事故の刑事裁判が開かれることが、3年越しで決まった。

12年6月。東電の元経営陣らが安全対策を怠っていたなどとして、武藤をはじめ1千人余の福島県民が業務上過失致死傷の疑いなどで検察当局に告訴・告発。

12年11月。全国1万人余で追加の告訴・告発。

13年9月。東京地検が嫌疑不十分などとして不起訴の処分。

14年7月。この処分に対する告訴団の不服申し立てに、東京第五検察審査会が審議のうえ、東電の元会長・勝俣ら3人について1度目の「起訴相当」を議決。

15年1月。東京地検が再び不起訴と処分を下し、同じように検察審査会が2度目の審査に入っていた。

会見する河合弘之弁護士、武藤類子さん、海渡雄一弁護士（左から）

事故の刑事責任をめぐる検察審査会の議決のポイントは2度とも、津波に対する備えのあり方だった。東電は原発事故3年前の08年、政府の地震調査研究推進本部の予測をもとに津波を試算し、最大で浸水高15・7メートルの結果を得ていた。

2度目の議決書にはこうある。「絶対に無視できないもの」「津波対策が講じられていれば事故は回避できた」（2015年8月10日）

「安全対策を先送り」

「適正な法的評価を下すべきではないかということである」

東京第五検察審査会は2015年7月31日、東京電力の元会長・勝俣恒久と、武黒一郎、武藤栄の元副社長2人を起訴すべきだとする2度目の議決を公表。15メートル級の津波に見舞われた福島第一原発の事故をめぐり、刑事裁判が始まることになった。

決定的なポイントは、原発に寄せる津波の高さを東電が事前にどのように見て対応したかだった。公表された書面「議決の要旨」は２０００年代の関連する動きを追っている。

——02年7月。政府の地震調査研究推進本部（地震本部）が長期評価（予測）を公表し、津波地震が発生する可能性を示した。

——07年12月。国の耐震指針が改定されたのを受け、東電は耐震バックチェック（安全性評価）で地震本部の予測を取り込む方針に。

——08年3月。地震本部の予測を用いた場合、津波水位の最大値が原発敷地の南部で15・7メートルになるとの試算結果を得る。

——08年6月。担当者がその試算を武藤に報告。海から高さ10メートルの敷地の上に約10メートルの防潮堤を設置する必要があると説明した。

——08年7月。武藤は方針を変更し、地震本部の予測は採り入れず、土木学会に検討を委ねると指示。耐震バックチェックの最終報告をする予定の09年6月の期日は延期に。

この「15・7メートル」について、議決は「原子力発電に関わる者としては絶対に無視することができない」と断定。元役員3人はこの試算について「08年3月以降のいずれかの時点において、報告を受けている」と推認している。

08年7月の方針変更は「安全対策のため発生する可能性のある数百億円以上に及ぶ支出

を避け、経済合理性を優先して先送りをしたと見られる余地がある」との見方も示した。

続けて、こう指摘する。「適切な対策を検討している間だけでも運転停止を含めたあらゆる結果回避措置を講じるべきだった」「仮に、このとき運転を停止していれば、結果としては、11年3月の重大事故の発生は回避できた」

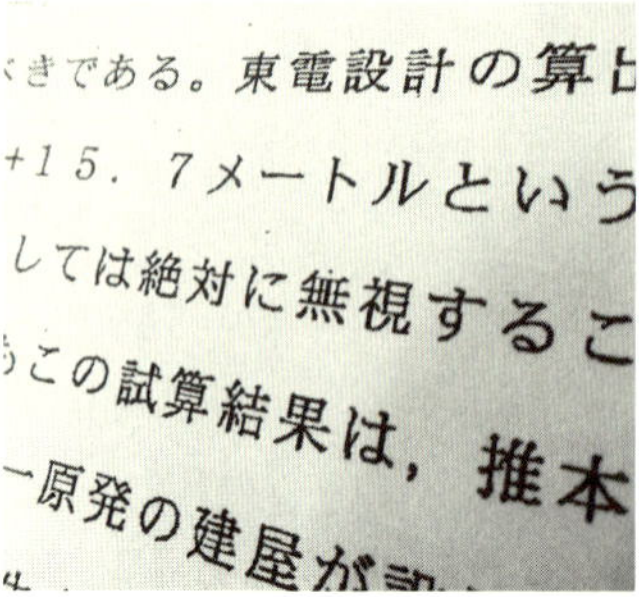

東京第五検察審査会の議決の要旨（一部）

議決を受け、「福島原発告訴団」は東京・霞が関で記者会見に臨んだ。弁護士の海渡雄一が内容を読み解いていった。「昨年の議決と基本的に同一だが、内容は深まった」（2015年8月11日）

収支悪化を危ぶむ？

2015年7月31日午後2時半、東京・霞が関。多くの報道陣が詰めかけるなか、司法記者クラブの一室で記者会見が始まった。

「福島原発告訴団」の団長・武藤類子をはさみ、その弁護団の代表・河合弘之、弁護士・海渡雄一が両脇に座る。

東京電力の元役員3人を起訴すべきだと議決した東京第五検察審査会の書面を手にして、まだ30分ほど。マイクを前に3人とも高揚感を隠せない。

河合に解説役を言い渡された海渡が「短い時間で読んだ感想」と前置きしつつ、内容を「非常に深い」と評し、議決の読み解きを始めた。

その一例として、東電の経営に踏み込んでいることを挙げた。焦点となる時期は、事故3年前の08年。東電が政府の地震調査研究推進本部（地震本部）の長期評価（予測）に基づく試算で、津波の水位が最大「15・7メートル」になる結果を得たあとの対応である。議決は、07年の新潟県中越沖地震で東電の柏崎刈羽《かしわざきかりわ》原発（新潟県）が運転を停止し、それが東電の収支を悪化させていた、と指摘した。

「関係者の供述」から、福島第一原発で津波の対策工事となると、「安全性を疑問視され、最悪の場合、福島第一の運転まで停止せざるを得ない事態に至り……東電の収支をさらに悪化させることが危惧されていた」と記していた。

それで海渡は言った。「経済的な背景が非常にはっきりした」

続けて、原発の耐震安全性を確認する「耐震バックチェック」のことも興奮気味に語った。議決はこう整理していた。

――08年7月、地震本部の予測は採り入れず、土木学会の検討に委ねようと、それまでの方針が変更された結果、耐震バックチェックの最終報告の予定だった09年6月の期日が延期されることになった。

海渡は「今回初めて知ったことです」と驚きを見せた。

3日後の8月3日。告訴団のホームページに、海渡は議決の意義をまとめた。こう結論付けている。「福島第一のバックチェックの最高の難問は津波対策であった」

さらに推論を加えた。「（1号機が運転開始から40年近くになるなど）老朽化し、寿命を迎える原子炉の対策のために多額の費用のかかる工事を決断することができなかった」

（2015年8月12日）

5　対策は「不可避」だった？

「まったくの試しの計算」

浸水高で最大15・7メートル。

東日本大震災で福島第一原発を襲ったものに匹敵するような津波の高さが2008年、

政府の地震調査研究推進本部の予測を用いて、東京電力の社内ではじき出されていた。

原発事故前の試算の存在を重く見た東京第五検察審査会は15年7月、一つの厳しい判断をまとめた。

『『万が一にも』、『まれではあるが』発生する可能性のある災害について予見可能性があったにもかかわらず、目をつぶって何ら効果的な対策を講じようとはしなかった』

市民から選ばれた11人の検察審査会メンバーによる議決の結果、東電の役員だった3人が刑事裁判の法廷に立つことになった。

3人は原発事故の翌年、国会の事故調査委員会による意見聴取に参考人として出席し、この「15・7メートル」をめぐる質問に答えている。

12年3月14日、参議院議員会館内の講堂。

東電の前副社長・武藤栄に、委員が尋ねた。「15メートルを超えるぐらいの値が出てきたにもかかわらず、迅速な対策を見送ったという理由は何だったんでしょう」

武藤は当時の状況を振り返る。

「02年の土木学会の基準では過去、記録がなかったことで考えなくてよいとなっている海域でございますけれども、ここでどこでも地震があるかもしれないというご意見があったことを踏まえ、そこにもしも波源（津波の発生源）を置くとすればどういうことになるかというまったくの試しの計算をしたわけでございます」

武藤はさらに説明した。

「その具体的な波源モデル、そこへどういう大きさのものを置くのかといったことについて、まとまった知見はなかったということで……土木学会に検討をお願いをしたというのが経緯でございます」

2週間後の3月28日、同じ講堂内。元副社長の武黒一郎も、15・7メートルの試算結果に関して、こう話した。

「実際に担当した、社内では経験も知見も高い専門家だと思っておりますが、彼らも、これがすぐに対策を考えるもとになるものだということは言っておりませんでした……」

つまり、この「15・7メートル」はあくまで社内の検討のための参考の数字であり、そのまま津波対策の前提とはなり得ない。そのため、土木技術の専門家でつくる土木学会に検討を託した。副社長だった2人の説明は、そんな趣旨だった。（2015年8月13日）

地検「予見は困難」

12年5月14日、国会の事故調査委員会による意見聴取に、この日は会長だった勝俣恒久が参考人として出席した。

委員が切り出す。「では、今度は想定外の津波の検討のことをお伺いしたい」。10メートルを超える津波をめぐる社内検討の過程をただした。

勝俣はよどみなく語る。「私自身まで上がってきた話じゃないんで、これはこういうような事態になって聞いた話でありますけれども……」

そう断りを入れつつ、ほとんど資料を見ずに答えた。「その波源を言ってみれば全然違うものを持ってきて入れて、仮、試し計算と申しましょうか、そういうことをいたしたと」

そして、こう続けた。「そういったことをいたしたものも含めて、そのことが10メートルを超えるような津波が来るとは率直に言って思っていなかったと。ただ、いろんな所見が出始めたんで、ひとつちょっとやってみたというだけであって……」

「地震本部（政府の地震調査研究推進本部）の方のいろんな所見もありますので、土木学会にこれについて波源モデルの確定をしてほしいとお願いをしたというふうに聞いております」

質問する委員は念押しした。「会長の耳には全然当時届いていなかったということなんですね」

勝俣は冷静に返した。「はい、そうです」

原発事故で東京地検は13年9月、勝俣など元役員らに刑事責任は問えないと、1度目の結論を出した。

08年の試算は、こう判断した。

「条件設定や計算方法の特性等からすると、試算結果の数値どおりの津波の襲来を具体的に予見することが可能であったと認めるのは困難」

「直ちに対策工事の実施を決定していたとしても、今回の地震及び津波の発生までに工事を完了し、今回の事故を回避することが可能であったと認めるには疑義が残る」

それから10カ月後の14年7月。市民で構成する東京第五検察審査会がそれは違うと、1回目の判断を下した。

（2015年8月14日）

ひねり出された奇策

地検の結論は間違い――。そう覆し、再捜査を求めた同じ検察審査会の1度目の議決が、刑事裁判への一つの節目だった。

2014年7月のことである。

このときも、2度目の議決と同じ時期に焦点をあてていた。

事故3年前の08年、東電は政府の地震調査研究推進本部（地震本部）の長期評価（予測）に基づく津波水位の試算で、最大「15・7メートル」の浸水高を得ていた。

元役員3人のうち、原子力・立地本部副本部長だった武藤栄は、原発の耐震安全性を確認する「耐震バックチェック」（安全性評価）の作業にあたり、この予測を採り入れず、土木学会に検討を委ねた。

1度目の議決書はこのころの東電の対応について、こう指摘した。

「最終的には、想定津波水位が上昇し、対応を取らざるを得なくなることを認識し……」

「……土木学会への依頼は時間稼ぎであったといわざるを得ない」

「津波高の試算を確認している以上、これが襲来することを想定し、対応をとることが必要であった」

そう判断して、元役員3人を「起訴相当」とした。

検察当局に刑事告訴・告発した「福島原発告訴団」を支える弁護団の代表・河合弘之や海渡雄一らは喜んだ。

ただ、その一方で、議決内容の「時間稼ぎであった」のくだりが気になった。その根拠は何だ――。弁護団会議で議論になる。

海渡「東電株主代表訴訟で、資料を求めてみますか」

河合「おもしろい。やろう」

東電株主代表訴訟は原発事故の1年後、脱原発を目指す東電の株主らが当時の経営陣らを相手に、会社に与えた損害5兆5千億円を賠償せよと起こしていた。

河合はこの株主側の代理人弁護士も務める。代表訴訟の訴状をもとに刑事告訴・告発状も書いた。

刑事訴訟といわば「姉妹関係」にある株主代表訴訟で、検察審査会の判断材料を手に入れよう。奇策がひねり出された。

（2015年8月16日）

手に入れた内部文書

福島第一原発の事故3年前に東京電力が取った動きをめぐり、東京第五検察審査会が議決で「時間稼ぎ」と指摘した根拠は何なのか。

2014年7月の1度目の議決理由にあった一つのキーワードを、証拠の形で裏打ちする資料が必ずあるはずだ。

刑事責任を追及する「福島原発告訴団」の弁護団メンバー・海渡雄一らはそうにらんだ。2カ月後、海渡らは同じようにかかわる東電株主代表訴訟の手続きを通じて、津波水位の試算「15・7メートル」がはじき出された前後の社内会議にかかわる資料や議事録などを出すよう、東電に求めた。だが、なかなか関係書面は出てこない。

明けて15年1月。検察審査会の議決に促され、再び捜査にあたった東京地検は元役員3

人について、改めて嫌疑不十分として2度目の不起訴処分を出した。

そのなかで、東電が08年にはじいた試算をこのように評価した。

――15・7メートルを示した最大の試算結果でも、1～6号機の東側からは津波が主要建屋のある敷地には駆け上がってこない。1～4号機の東側で8・3～9・2メートル程度。

一方、東日本大震災で原発を襲った津波をこう指摘する。

――14～15メートル程度の津波が1～6号機の東側から全面的に敷地に越流。建屋付近の浸水の深さは、最大の試算結果の数倍にもなっていることが認められる。

――長さ約1・5キロの海岸線から大量に越流しており、最大の試算結果で越流するとされた海岸線の長さの約5倍に相当する。

つまり、東電の08年の試算と11年の実際の津波とはまったく規模が違う。そんな認定だった。従って、「15・7メートル」を含む試算結果などを踏まえても、「主要機器が浸水する危険性を認識すべき状況にあったとは認めがたい」と結論付けた。

地検の処分を受けて、東京第五検察審査会は再び審査に入る。告訴団は翌2月に改めて起訴を議決するよう求める詳細な上申書を提出した。

その約2カ月後の4月。東電株主代表訴訟で動きがあった。訴訟の進行協議のテーブルに、裁判所に催促される形で、東電は「15・7メートル」の試算に関する08年当時の内部文書を出した。そのなかの一つに、こうあった。

「津波対策は不可避」（２０１５年８月18日）

「完全否定が難しい」

２０１５年４月。福島第一原発事故の刑事責任を追及する「福島原発告訴団」の弁護団メンバー・海渡雄一は、東京電力の内部文書を新たに手にした。

原発の南側では浸水高が最大「15・7メートル」に及ぶ――。政府の地震調査研究推進本部（地震本部）の長期評価（予測）をもとに、東電は08年3月、津波水位を試算しており、東電が開示した文書はそれに関するものだった。

複数あるなかで、海渡がとりわけ重要だと思う社内資料があった。「福島第一原子力発電所津波評価の概要」と題されている。副題には「地震調査研究推進本部の知見の取扱《とりあつかい》」とある。

08年9月、当時の福島第一原発所長らが出席した「耐震バックチェック（安全性評価）説明会」で配られた。1～6号機の配置図の上に、敷地南側で「15・7」など数カ所の津波の高さが記されている。

約2カ月前、原子力・立地本部副本部長の武藤栄らが津波に関する地震本部の予測を採り入れず、土木学会に検討を委ねると決めていた。それに沿うように今後の予定として、改訂された土木学会の津波評価手法により「バックチェックを実施」といった記述もある。

最後の部分に、海渡は驚く。「ただし、学識経験者の見解及び推本（地震本部）の知見を完全に否定することが難しいことを考慮すると、現状より大きな津波高を評価せざるを得ないと想定され、津波対策は不可避」

海渡は思った。15メートル級の津波が原発を襲う事故の3年前、高さが同じ程度の津波を前提に対策が必要だと、東電の幹部らが考えていたと言えないか。

さらに、検察審査会が「時間稼ぎ」とした根拠は、こうした内部文書の存在にあったのではないか。東電は訴訟の準備書面でこう説明する。「津波対策として特定の内容を前提としたものでもなかった」

ただ、東電から開示された同じ日の関連資料にはこう書かれていた。「機微情報のため資料は回収、議事メモには記載しない」（2015年8月19日）

1冊が強力な援軍に

「津波対策は不可避」「機微情報のため資料は回収」

そう記された東京電力の内部文書が、東電の元経営陣を相手取った株主代表訴訟で審理のテーブルに載せられた。福島第一原発事故より3年前の２００８年、社内会合で配られた書類だった。

この内部文書も判断材料に加えてほしい――。「福島原発告訴団」とその弁護団メンバー・海渡雄一らは15年6月、起訴するべきか審査中だった東京第五検察審査会へ出す新たな上申書をまとめた。

同じように、海渡らは東電の元役員らの起訴につながるよう、様々な角度からの上申書を検察審査会に提出している。その数は、東京地検の2度目の不起訴処分から、強制起訴が決まる15年7月までに6通を数えた。これらのうち、最初にまとめ上げた15年2月の上申書は、最も長い１２７ページに及んだ。

とりわけ前年の秋、書店に並んだ1冊の新書が参考文献となった。『原発と大津波 警告を葬った人々』（岩波書店）。

著者のフリージャーナリスト・添田孝史は、国会事故調査委員会で協力調査員を務め、津波分野の調査に携わった。

その最終報告が出た12年7月以降も、原発と津波をめぐる問題を独自に追い続けた。国に情報公開請求をする。関係者にインタビューを重ねる。そうして重要な文書を掘り起こし、証言を集め、事故前の十数年間を検証する２００ページ余りの著書にまとめた。

「知らなかったことも少なくない。強力な援軍だ」

本を手にした海渡は一気に、しかし、一字一句も漏らさぬよう、隅から隅まで読み込んだ。大事だと思う箇所はすべて抜き書きした。

ページをめくるうち、そのなかに元役員らの刑事責任につながるかもしれない多くの事例を見つける。とくに驚いたことの一つは、日本原子力発電の東海第二原発（茨城県東海村）と東北電力の女川《おながわ》原発（宮城県女川町、石巻市）が手厚い津波対策をしていた、との指摘だった。いずれも、福島第一原発と同じく太平洋に面している。

添田はこう書いた。「津波地震に備えていなかったのは東電だけだった」

（2015年8月20日）

他社は防護対策済み

茨城県東海村。太平洋に面した東海第二原発は東日本大震災の津波を受けながらも、全電源を失って放射性物質を大量に放出する事態には至らなかった。

その事情が、原発を保有する日本原子力発電（日本原電）のホームページに掲載されている。

「非常用電源を確保できたのは、津波対策の強化として高い防護壁を設置した対策が功を奏した」

15メートル級の津波で全電源を失う福島第一原発の事故が起きるまでの津波対策を検証した本『原発と大津波　警告を葬った人々』が、揺れの割に大きな津波をもたらす「津波地震」対策をしていた、と採り上げた原発の一つである。

日本原電が従来の手法に基づき、想定していた東海第二原発の津波の最高水位は4・86メートルだった。

ところが、2007年、地元の茨城県が延宝房総沖地震（1677年）をもとに、独自の津波浸水予測を公表した。これを受け、日本原電が東海第二原発の津波水位を解析すると5・72メートルになった。

それで非常用発電機の冷却に必要な海水ポンプの防護壁を6・11メートルにかさ上げする工事を始め、10年9月にほぼ作業を終えていた。

11年3月の大震災では約5・4メートルの津波に襲われた。一部の防水工事が終了前だったため、海水ポンプ3台のうち1台が海水につかって使えなくなったが、2台は運転できた。

同じく太平洋に面し、宮城県女川町と石巻市にまたがる女川原発。

東北電力は1960年代の1号機の設計時、専門家らを交えた議論で慶長三陸地震（1

611年）などを考慮。敷地を高さ約15メートルにした。

大震災では、福島第一原発に匹敵する約13メートルの津波に襲われたが、危機的な事態は避けられた。

政府の地震調査研究推進本部は02年、延宝房総沖や慶長三陸のような津波地震が、今後30年以内に20％程度の確率で起き得るとの長期評価（予測）を出していた。

自著『原発と大津波』でフリージャーナリストの添田孝史は、「長期評価の津波地震に備えていなかったのは東電だけだった」と書いている。

海渡雄一らは15年2月、添田の本のデータも引用しつつ、東電元役員の起訴を求める上申書を東京第五検察審査会に出した。

（2015年8月21日）

震災4日前の「報告」

15年2月に検察審査会へ出した上申書では、こうも訴えていた。

――原発事故3年前の2008年にこの報告が国に上がっていれば、その時点で強い対策を取るべきだと指導された可能性がある。

海渡が指摘した「報告」は、当時の原子力安全・保安院の耐震安全審査室長だった小林勝《まさる》に対し、政府の事故調査・検証委員会が聴取した記録（調書）にあった。

小林は、原発に関する国の安全規制のうち、地震・津波への備えに対するお目付け役の一人。調書によれば経緯はこうだった。

11年3月7日。津波対策の検討状況を聞こうと、小林は東電の担当者を呼び出した。そこで、東電は08年にはじいていた福島第一原発の2つの津波水位の試算を報告した。

一つは、政府の地震調査研究推進本部の長期評価（予測）をもとにした最大「15・7メートル」などの数値。

もう一つが、近年の津波堆積物《たいせき》の研究で実相が分かってきた869年の貞観《じょうがん》地震・津波をもとにした最大「9・2メートル」といった数値だった。

聴取に小林は「早く工事しなきゃダメだよ、と言った」と語った。

小林は取材の求めに「改めて私から申し上げることはありません」とメールで返事を寄せた。

この会合の4日後。東日本大震災による15メートル級の津波が、海面から高さ10メートルの福島第一原発を襲った。

「警鐘」は以前から何度も鳴らされていた――。

その疑いが原発事故のあと、司法の場なども含め、公にされている。

被災者らが起こした「生業訴訟」では、業界団体が作成した1997年の文書が出てきた。想定津波の高さに対し、計算の誤差を考慮した2倍の数値として、「9・5メートル」が示されていた。

08年の試算「15・7メートル」に関連する東電の社内文書には「津波対策は不可避」との記述があった。脱原発を求める株主らが起こした訴訟で初めて開示された。

そして、事故後の14年10月。東電は防護対策のため、大震災の津波を踏まえて最も厳しい条件で策定した津波水位*を規制当局に報告する。最大26・3メートルだった。

（2015年8月22日）

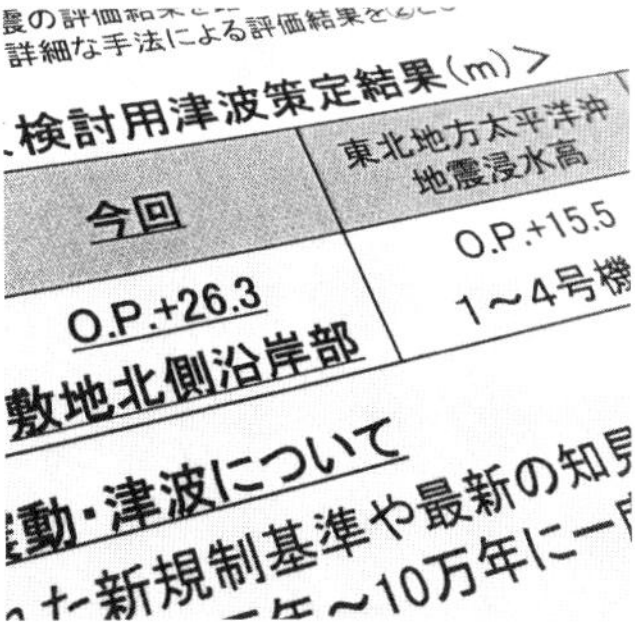

想定する津波は今、最大約26メートル

*福島第一原発の新たな津波想定：東京電力が14年10月に原子力規制委員会の検討会に報告した福島第一原発で想定する津波の最大高さは26・3メートルと、従来の2倍近いものだった。地震の揺れも1・5倍にした。東電は防潮堤のかさ上げでなく、汚染水を減らす対策で対応するという。福島第一原発は原子炉が壊れ、汚染水がたまるなど通常の原発と違うリスクがあるが、廃炉が決まっているため新規制基準は適用されない。

さらなる真相解明を

この連載「津波を争う」の掲載から約2年後の17年6月、市民で構成する検察審査会の「起訴すべきである」との決定を受け、当時の東京電力の最高幹部3人に対する刑事裁判が東京地裁で始まった。

検察官役の指定弁護士は冒頭陳述で、3人は原発の安全を確保する最終的な義務と責任を負っていたと指摘。事故の3年前の08年3月、最大15・7メートルの津波が原発を襲うという「衝撃的」な計算結果が出て、現場では防潮堤の設置などが具体的に検討されたのに、被告らの判断で対策が先送りにされた、と述べた。

これに対し被告側は「平成23年の地震は、試計算の前提とされた明治三陸沖地震とはまったく規模が異なる」などと指摘し、被告らに予見可能性が生じていたとは認められない、として無罪を主張した。

また、この連載で取り上げた「生業訴訟」では、福島地裁が17年10月、国と東電の責任を認める判決を出した。判決は、政府が02年7月に策定した「長期評価」で津波地震が起きる可能性を指摘した点を重視。国がシミュレーションを行えば、原発に15・7メートルの津波が来ることを予見でき、同年末までに津波対策を取るよう東電に命じれば事故は防げた、とした。東電については津波対策を怠った過失があるが、故意や重過失は認められないとした。

福島第一原発の津波対策も争点となった集団訴訟で、国の責任を認めたのは17年3月の前橋地裁に続き2例目だ。この福島地裁の判決は、長期評価が公表された5カ月後の「02年12月31日ごろまで」に、国が東電に津波に対する安全性の確保を命じるべきだったと指摘。前橋地裁が、原発の地震対策の見直しが進められた時期をもとに「遅くとも08年3月ごろ」としたのに比べて踏み込んだ。

津波対策はどうあるべきだったのか。司法の場を通じた、さらなる真相解明にも期待したい。

あとがき

2016年に出した前著『日本はなぜ脱原発できないのか——「原子力村」という利権』は、電力会社だけでなく、産業界・財界、政治家、官僚、学者、さらにメディアをも含む強大で強力な「原子力村」の存在を描いた。

「はじめに」でも書いたが、それは、あの福島の原発事故を経ても倒れることはなかった。その大きな利権に、まだなんとかしがみ付こうとしていた。だが、本書を通じて、原発のおろかしさや危うさなどが改めて明らかになったと思う。

こうした状況でも、原発をまだ進めるという大義名分は、いったい、どういうものだろうか。探し求めると、安倍政権が2014年4月に閣議決定した現行のエネルギー基本計画に行き着いた。

同計画は、エネルギー政策の基本的な視点を「3E+S」だとし、こう説明する。

「エネルギー政策の要諦《ようてい》は、安全性（Safety）を前提とした上で、エネルギーの安定供給（Energy Security）を第一とし、経済効率性の向上（Economic Efficiency）による低コストでのエネルギー供給を実現し、同時に、環境への適合（Environmert）を図るため、最大限の取組を行うことである」

それに照らして原発は、「準国産エネルギー源として、優れた安定性と効率性を有しており、運転コストが低廉《ていれん》で変動も少なく、運転時には温室効果ガスの排出もないことから、安全性の確保を大前提に、エネルギー需給構造の安定性に寄与する重要なベースロード電源」と位置づけている。

要は、原発は「3E＋S」のいう基準を見事にクリアしているので、我が国の電源として「合格」というわけである。

しかし、あの11年の原発事故を見た私たちは、それは、かなりメッキがはげ落ちた大義名分であることを知っている。

美しい地域が放射能に汚染されてしまった。環境への適合どころではない。

首都圏などの電力供給が脅《おびや》かされた。安定供給できなかった。

事故費用を賄うための負担金が、今も私たちの電気代から徴収されている。本当に低コストと言えるのか。

肝心の安全性については原子力規制委員会の前委員長がその在任中に、「基準の適合性は見ているが、安全だということは申し上げない」と発言していた。安全は誰が保証してくれるのか。

事故が起きてなお、こんな大義名分が通ってしまうような国だ。

原発にのめり込んで経営危機に陥る東芝のような企業が出てくるのも無理はなかった。

「原子力村」は、まだ巨大な利権目当てに、今後も原発の再稼働に力を注ぐのだろう。現在、検討中の次のエネルギー基本計画でも、原発の新増設・リプレースを盛り込むよう働きかけもするだろう。

だが、仮に原発の新増設が可能となっても、巨額の建設費をどうやって確保するのだろうか。そうこうしている間にも再生可能エネルギーのコストはどんどん下がる。

第3章で菅直人元首相が語ったように、私ももう勝負は付いていると思う。土俵際に追い詰められた「原子力村」は今や片足で、踏ん張る力もなくしつつある——。

なお、本書で引用した数々の記事は、前著と同じく、問題意識を持つ多くのデスクの支えがあってモノになったことを強調しておきたい。

経済部では寺光太郎、中野和郎、堀口元の各氏に、「核リポート」では田井良洋、伊藤厚史、山平慎一郎の各氏に、「プロメテウスの罠」では南井徹、藤森千秋の両氏に原稿を見てもらった。この場を借りて、深く礼を言いたい。

書籍化では前著に続き、平凡社新書編集部の岸本洋和氏にお世話になった。氏の支えがなかったら、前著と本書は世に出なかった。感謝の気持ちを心から申し上げたい。

2018年2月

朝日新聞記者　小森敦司

【著者】
小森敦司（こもり あつし）
1964年東京都生まれ。上智大学法学部卒業。87年、朝日新聞社入社。千葉・静岡両支局、名古屋・東京の経済部に勤務。金融や通商産業省（現・経済産業省）を担当。ロンドン特派員（2002～05年）として世界のエネルギー情勢を取材。社内シンクタンク「アジアネットワーク」でアジアのエネルギー協力策を研究。現在はエネルギー・環境分野などを担当。著書に『資源争奪戦を超えて』（かもがわ出版）、『日本はなぜ脱原発できないのか』（平凡社新書）、共著に『失われた〈20年〉』（岩波書店）、『エコ・ウオーズ』（朝日新書）など。

平凡社新書867

「脱原発」への攻防
追いつめられる原子力村

発行日——2018年2月15日 初版第1刷

著者——小森敦司
発行者——下中美都
発行所——株式会社平凡社
東京都千代田区神田神保町3-29 〒101-0051
電話 東京（03）3230-6580［編集］
東京（03）3230-6573［営業］
振替 00180-0-29639
印刷・製本—図書印刷株式会社
装幀——菊地信義

ISBN978-4-582-85867-9
NDC分類番号543.5 新書判（17.2cm） 総ページ256
平凡社ホームページ http://www.heibonsha.co.jp/